"十二五"职业教育国家规划教材
经全国职业教育教材审定委员会审定
高等职业教育机械制造与自动化专业规划教材
国家示范性高职院校建设项目成果

传动轴制造

第2版

主　编　黄金永
副主编　毛全有
参　编　蒋守林　吴文进
主　审　邓劲莲

机械工业出版社

本书是“十二五”职业教育国家规划教材，经全国职业教育教材审定委员会审定；也是国家示范性高职院校重点专业——机械制造与自动化专业的核心教材之一，依据《传动轴制造课程标准》编写。

本书以传动轴零件加工为载体，按企业制造传动轴的工艺流程依次排列六个项目，循序渐进，着重介绍加工传动轴零件的工艺过程设计、加工设备的选择、主要工装的选择、工艺规程编制、质量检测与质量分析，以及生产管理等相关理论知识与技能。

本书适用于高等职业院校机械制造与自动化专业，也可作为高等职业院校相关专业、机电类中等职业学校、企业培训用教材，并可供有关工程技术人员参考。

本书配有电子课件，凡使用本书作为教材的教师可登录机械工业出版社教育服务网 www.cmpedu.com 注册后下载。咨询邮箱：cmpgaozhi@sina.com。咨询电话：010-88379375。

图书在版编目（CIP）数据

传动轴制造/黄金永主编. —2 版. —北京：机械工业出版社，2017.2（2024.1 重印）
“十二五”职业教育国家规划教材 高等职业教育机械制造与自动化专业规划教材 国家示范性高职院校建设项目成果
ISBN 978-7-111-56023-4

Ⅰ.①传… Ⅱ.①黄… Ⅲ.①传动轴-机械制造工艺-高等职业教育-教材 Ⅳ.①TH133.2

中国版本图书馆 CIP 数据核字（2017）第 026980 号

机械工业出版社（北京市百万庄大街 22 号 邮政编码 100037）
策划编辑：刘良超 责任编辑：刘良超
责任印制：邓 博 责任校对：陈秀丽
北京盛通数码印刷有限公司印刷
2024 年 1 月第 2 版·第 2 次印刷
184mm×260mm·9.5 印张·228 千字
标准书号：ISBN 978-7-111-56023-4
定价：29.80 元

电话服务	网络服务
客服电话：010-88361066	机 工 官 网：www.cmpbook.com
010-88379833	机 工 官 博：weibo.com/cmp1952
010-68326294	金 书 网：www.golden-book.com
封底无防伪标均为盗版	机工教育服务网：www.cmpedu.com

序

2006年，教育部启动了以重点专业建设为主要任务的国家示范性高等职业院校建设，目的是通过示范建设，全面推进高等职业教育的专业建设水平，探索并形成中国的高职教育特色。专业建设改革的主要内容是人才培养模式改革、课程体系构建、课程建设与教学模式改革。其中，人才培养模式是指导性的原则，人才培养方案与课程体系是实施性的支撑，课程建设与教学模式改革是基础性的保障，根本的出发点是提高技能型人才的培养质量。

工艺在振兴装备制造业中起着基础性作用，浙江省部分中小企业由于工艺管理不善、工艺纪律松弛、工艺技术相对落后，制约了制造业企业的快速发展。鉴于此，浙江机电职业技术学院机械制造与自动化专业构建了“夯实机械基础、强化工艺实施、启迪创新思维、注重技能训练”的能力递进专业课程体系，为浙江省中小企业培养未来的生产一线“机械制造工艺师”。

示范建设过程中，在浙江省机械工业联合会的行业专家和杭州前进齿轮箱集团有限公司、浙江杭叉工程机械股份有限公司、浙江联强数控机床股份有限公司等制造业企业技术专家的参与指导下，机械制造与自动化专业将工艺实施能力确定为专业人才培养的核心能力，并在浙江省人力资源与社会保障厅的支持下，开发了浙江省机械制造工艺师职业标准，通过工艺师职业岗位典型工作任务分析，设计了传动轴制造、主轴制造、箱体制造、异形件制造四门核心课程，将工艺师职业标准内容通过学、练、做一体化的项目模块课程加以实施。

四门核心课程通过对原机械制造工艺、现代加工设备、切削原理与刀具、机床夹具设计等课程的知识内容进行分解与组合，以传动轴→主轴→箱体→异形件四类零件的制造过程为载体，按照图样分析过程、工艺分析过程、工艺方案制定过程、工装设计过程、生产组织、产品质量检验与分析处理过程的工艺实施流程，整合教学内容，但反映的典型工艺技术各有侧重，加工工艺由易到难，专业知识由浅入深。课程部分教学外移至企业进行，同时开展企业实践。学生要了解传动轴等四类零件的整个生产流程，独立完成传动轴的加工和其他零件如主轴等若干精加工工序，对所编制工艺文件进行验证和修改，将教学与实际零件的加工过程相融合，从而提高学生的工艺实施能力。

四门核心课程遵循能力培养的递进规律，通过每个零件制造的工艺流程循环和各类零件的学习内容循环，由浅入深、由简到繁，培养学生的工艺实施能力。该学习过程有效地改变了学生由于一门课程不合格而造成的评价考核问题，通过多次循环不断强化和巩固学生的知识和能力。

为了较好地解决知识系统化与教学实施项目化的形式冲突，机械制造与自动化专业在课程教学内容组织过程中，将以往以学科化课程为核心的教学内容组织形式改为以项目导向的教学内容组织形式，即将相关课程内容按工艺实施工作过程的知识目标、技能目标划分成若干个教学模块，如将工艺规程编制过程中的刀具应用内容分解为金属切削原理、刀具基础、车刀具选择与应用、铣刀具选择与应用、孔加工刀具选择与应用等；再将各课程教学模块根据每个加工零件的项目知识目标、技能目标及实践训练项目教学要求进行组合，构建正交流程的项目课程教学内容；教学过程中结合具体零件分别将图样分析、工艺分析、刀夹具技术与应用、技术测量等按教学模块组织教学，一个具体零件结束后再进行下一个零件的项目教学，形成了一种纵、横配合的“坐标系”活页教材：每一模块均以零件工艺实施工作过程编写教学内容，形成纵向的项目形式教材；当需要进行系统知识学习时，可按横向技术方向把各项目中的相关活页组合，形成如金属切削机床、切削原理与刀具、机械制造工艺、夹具设计等知识系统化形式教材，最终形成纵贯的传动轴、主轴、箱体和异形件四个项目行动导向课程教学体系与横切的若干相对系统学科知识体系。

四门核心课程以零件制造项目为载体，以工艺实施流程为线索，实现了课程教学内容的解构和重构，在项目教学过程中同时也保证了知识的系统化。希望能在高职的改革大潮中，形成一定的专业特色。

屠　立

前　言

为深化高等职业教育教学改革，探索工学交替、任务驱动、项目导向、顶岗实习等有利于增强学生岗位职业能力的教学模式，加强高职院校学生实践能力和职业技能的培养，浙江机电职业技术学院机械制造与自动化专业作为国家示范性高职院校重点建设专业，与行业、企业专家合作，构建了以零件加工为载体，以机械制造工艺实施为主线的课程体系。本书依据“传动轴制造”课程标准编写，是专业核心课程教材之一。

本书具有以下主要特点：

1. 本书充分体现了项目课程的设计思想。本书以传动轴制造项目为载体实施教学，以完成传动轴加工的工作过程来驱动，通过选自企业实际生产的传动轴零件，按企业制造传动轴的整个工艺过程组织教材内容，以培养学生完整、合理地编制传动轴零件机械加工工艺规程、组织批量生产、进行质量检测与质量分析的应用能力。

2. 本书按项目课程原理编排内容。本书按照传动轴制造工艺流程依次排列项目，循序渐进；在项目的基础上进一步划分模块，体现内容的连续性和完整性，便于学生对传动轴制造知识的掌握与应用。

3. 本书突出了对学生综合职业能力的训练。本书的每个项目首先明确教学目标，每个模块按照教学目标、案例分析、相关知识以及针对性练习编写，既易懂易学，又符合生产实际。理论知识和技能要求的选取紧紧围绕传动轴制造工作过程完成的需要，同时又充分考虑了高等职业教育对理论知识学习的需要，并融合了机械制造工艺师职业资格对知识、技能和素质的要求。

4. 本书体现了“新知识、新技术、新方法”等内容。本书将传动轴制造过程中的新技术、新工艺和新方法及时纳入其中，使内容贴近企业实际需要和机械制造行业的发展。

本书分六个项目，浙江联强数控机床股份有限公司吴文进编写项目一；杭州前进齿轮箱集团有限公司蒋守林编写项目二；浙江机电职业技术学院毛全有编写项目三、项目四、项目五；浙江机电职业技术学院黄金永编写项目六。

本书由浙江机电职业技术学院黄金永任主编，浙江机电职业技术学院邓劲莲任主审。

本书在编写过程中得到了浙江机电职业技术学院各位领导、同仁和相关企业领导的大力支持，在此表示衷心感谢。

由于时间仓促，编者水平有限，书中难免有不足之处，恳请广大师生和读者提出宝贵意见，以便今后修改、完善。

编　者

目　录

项目一　传动轴零件的工艺过程设计

【教学目标】

最终目标：能根据传动轴零件的结构工艺、技术要求进行毛坯的选择。

促成目标：

1）能识读和审查图样。

2）能分析传动轴的功用、结构、尺寸、技术要求、工艺性等。

3）熟悉传动轴的常用材料。

4）会选用传动轴毛坯。

模块1　传动轴零件工艺分析

一、教学目标

最终目标：能对传动轴零件进行机械加工工艺性分析和技术要求分析。

促成目标：

1）会识读传动轴零件图。

2）能对传动轴零件进行机械加工工艺性分析。

3）能对传动轴零件进行技术要求分析。

二、案例分析

根据图1-1所示的传动轴零件图的相关信息，现对GH1640-30214A传动轴进行加工分析。

在对零件图进行分析时，从零件图中获得的信息主要有零件材料、零件结构、热处理状况、每台（套）的零件数量、最大尺寸、尺寸精度、形状和位置精度、表面粗糙度及其他特殊要求等。

传动轴分析如下：

1）零件材料为45钢，毛坯可采用型钢（钢板）、锻件或铸件等。

2）零件的结构是圆形棒状的、中间大两端小，最适合采用型（圆）钢和锻件。

3）零件的热处理状况为T235（调质处理），由于零件中间的最大尺寸和两端的最小尺寸之间只相差10mm，因此热处理应在粗加工前完成。一般情况下，加工余量较少时，热处理在粗加工之前完成；加工余量较大时，热处理在粗加工之后完成。

4）每台（套）零件数为1件，根据生产类型来编制加工工艺。

5）零件的最大尺寸，直径为ϕ30mm，长度为186mm，因此可以选用ϕ32mm×190mm的圆钢材料，且在卧式车床上就能加工。

6）零件的尺寸精度，最小的外圆直径公差为0.032mm，圆柱的长度为53mm，零件加工相对较简单。

7）在形状和位置精度方面，有几何公差要求的各表面，其基准都为两端中心孔，即基准统一，加工较简单，并且圆跳动公差为0.03mm，在车床上车削、在磨床上磨削加工都能达到要求。

8）对于表面粗糙度，本零件各表面的表面粗糙度值最小为*Ra*3.2μm，车削加工就可达到要求。

9）对于其他特殊要求，本零件未做具体的规定。

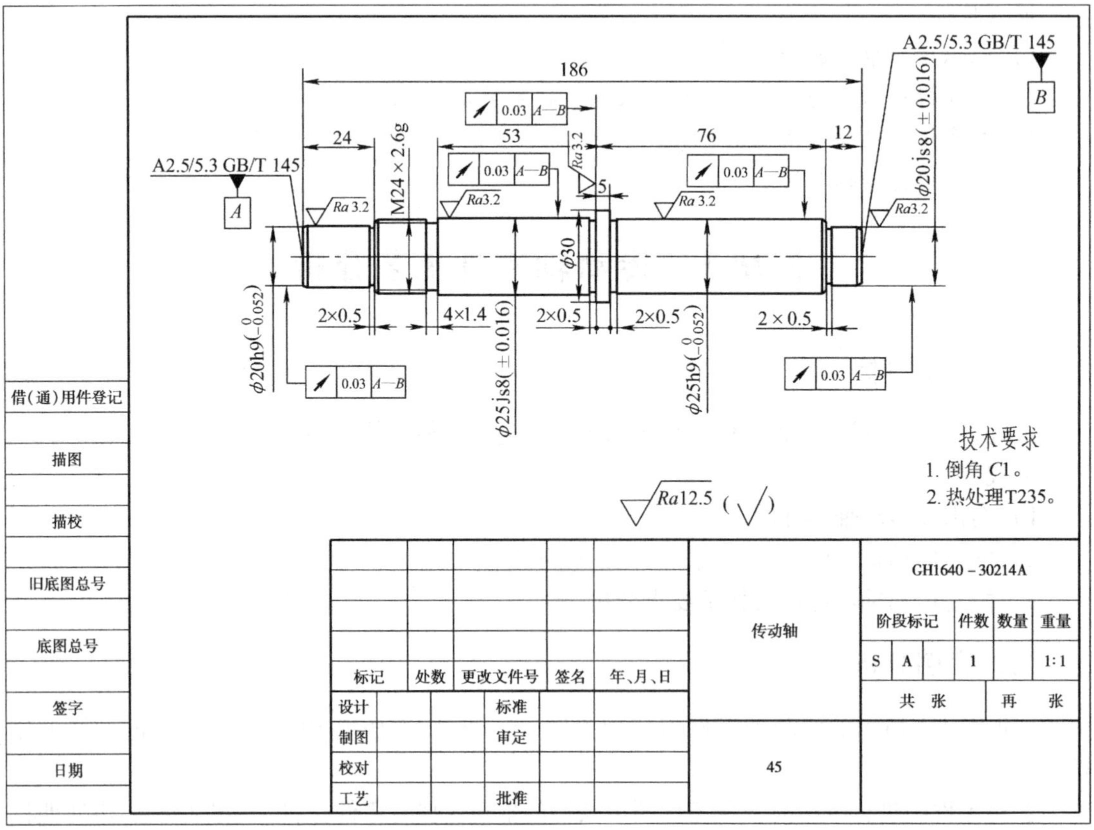

图1-1　GH1640-30214A传动轴

三、相关知识

1. 轴类零件的功用

轴是组成机械结构的一个重要零件，它支承着其他做旋转运动的零件（如齿轮、带轮等）回转并传递运动和动力，同时，它又通过轴承（滚动轴承和滑动轴承）和机架连接。所有轴上的零件都围绕轴线做回转运动，形成了一个以轴为基准的组合体——轴系部件。在轴的设计中，不能只考虑轴本身，还必须和轴系零部件的整个结构密切联系起来。

2. 轴类零件的结构与类型

轴的结构取决于受载情况，轴上零件的布置和固定方式、轴承的类型和尺寸，轴的毛坯、制造和装配工艺及安装、运输等条件。设计轴的结构时应注意尽量减少应力集中、使受力合理、要有良好的工艺性，并使轴上各零件定位可靠、装拆方便。对于要求刚度大的轴，还应在结构上考虑减小轴的变形。一般轴类零件的结构为中间大、两端小。

根据轴所承受的载荷不同，轴可分为以下三类。

（1）心轴　工作时只承受弯曲作用的轴称为心轴。心轴又分固定心轴和转动心轴两种。图 1-2a 所示的滑轮轴为固定心轴，即当滑轮转动时，其轴固定不动。图 1-2b 所示的火车轮轴为转动心轴，即其轴与轮用过盈配合固定在一起，轴与轮一起转动。

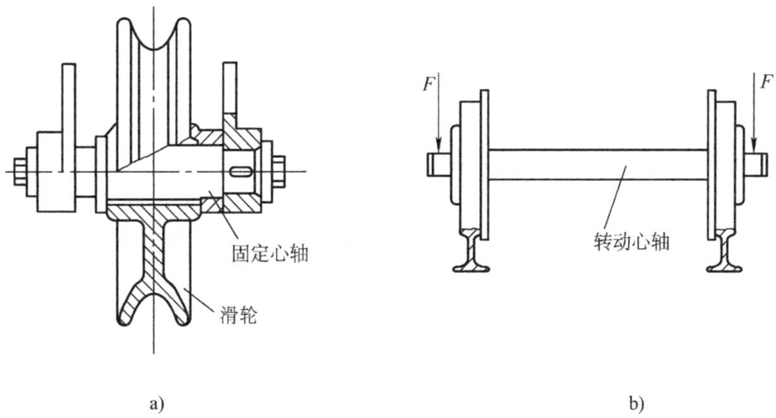

图 1-2　心轴

a）滑轮轴　b）火车轮轴

（2）传动轴　工作时只承受扭转作用的轴称为传动轴。

（3）转轴　工作时同时承受扭转和弯曲作用的轴称为转轴。图 1-3 所示的减速器输出轴即为转轴。转轴是机械中最常见的轴。

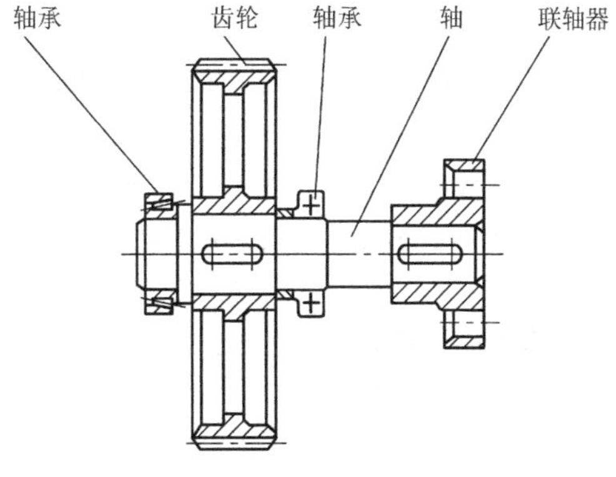

图 1-3　减速器输出轴

根据轴的轴线形状的不同，轴可分为直轴（图 1-2 和图 1-3）、曲轴（图 1-4）和软轴（图 1-5）。

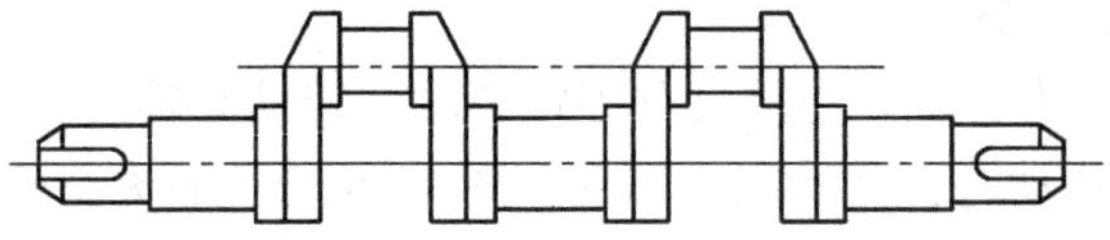

图1-4　曲轴

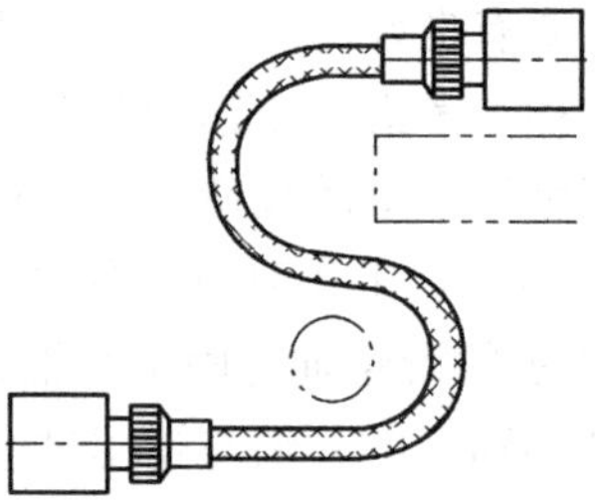

图1-5　软轴

四、思考与练习

传动轴零件的图样分析的主要内容是什么？

模块2　传动轴零件的毛坯选择

一、教学目标

最终目标：能根据传动轴零件的结构特点、技术要求合理选择毛坯。

促成目标：

1）能选择传动轴的材料。

2）能确定毛坯形状和尺寸，并下料。

二、案例分析

轴类零件常用的材料一般是35钢、45钢、50钢等优质碳素结构钢，最常用的是45钢。对于轴类零件的毛坯，常用的有下料件、锻件和铸件等。根据零件的不同要求和生产纲领，可选择不同的零件毛坯。

若图1-1所示的传动轴的生产数量为30件，则属于小批量生产，这个数量一般由公司的生产计划来确定。

零件的结构是圆形棒状的，并且中间大、两端小，毛坯最适合采用型钢（圆）和锻件。零件的最大直径为ϕ30mm，长度为186mm，可以选用圆钢；中间ϕ30mm的直径长度为5mm，也可采用圆钢材料。

零件毛坯确定为下料件，选择用ϕ32mm的圆钢，材料为45钢。

三、相关知识

1. 轴类零件的材料

轴类零件常用的材料一般是35钢、45钢、50钢等优质碳素结构钢，最常用的是45钢。对于受载较小或不太重要的轴，也可用Q235、Q275等普通碳素结构钢。根据承受力的大小或轴的重要性，也可选一些低合金钢，如40Cr、20CrMnTi等。45钢是中碳钢，取材广泛，规格齐全，热处理简单，价格实惠，是轴类零件的首选材料。40Cr钢是中碳低合金钢，取材也很广，规格齐全，但价格比45钢稍贵，且其热处理需要油冷，而在相对条件下，其强度等各方面的性能要比45钢强，可在要求较高的情况下选用。20CrMnTi是低碳合金钢，其含碳量低，一般是渗碳钢的首选材料。经渗碳淬火处理后，零件表面变硬，但内部韧性好，一般用于外表面有耐磨要求的轴类零件。

轴类零件根据要求还可选用球墨铸铁和一些高强度铸件。

2. 轴类零件的常用毛坯

对于轴类零件的毛坯，常用的有下料件、锻件和铸件等。应根据零件的不同要求和生产纲领，选择不同的零件毛坯。

1）下料件。直接从圆钢上截下，是最简单、最容易获得的毛坯。

2）锻件。锻件是将型钢加热后，通过锻打获得的；它的晶粒得到细化，材料组织更紧密。

3）铸件。用于形状较复杂的零件。

四、思考与练习

分析比较轴类零件各类毛坯的优点和缺点。

项目二　传动轴零件加工设备的选择

【教学目标】

最终目标：会选择合适的机床用于传动轴零件的加工。

促成目标：能正确选择车床。

模块 1　车床的选择

一、教学目标

最终目标：熟悉车削加工方法，会选择合适的车床用于传动轴零件的加工。

促成目标：

1）掌握工件表面的成形方法。

2）掌握车削用量三要素及切削速度计算公式。

3）掌握金属切削机床型号的编制方法。

4）掌握卧式车床的组成及其主要功用。

二、案例分析

根据图 1-1 的技术要求，且零件加工数量少，用卧式车床直接加工就能达到要求，暂定为卧式车床加工。

三、相关知识

金属的切削加工是利用刀具和工件之间的相对运动切除毛坯上多余金属，进而形成一定形状、尺寸和质量的表面，以获得所需的机械零件。

（一）工件表面的成形方法

（1）零件表面的形状　各种机器零件的形状虽多，但分析起来都不外乎是由平面、圆柱面、圆锥面及成形面所组成，如能加工出这几种典型表面，也就可以组合出各种常见形状的表面。

平面是以直线为母线，以直线为运动轨迹（导线），做平移运动时所形成的表面（图 2-1a）。

圆柱面和圆锥面是以某一直线为母线，以圆为运动轨迹（导线），做旋转运动时所形成的表面（图 2-1b、c）。

成形面是以曲线为母线，以圆或直线为运动轨迹（导线），做旋转或平移运动时所形成的表面（图 2-1d、e）。

（2）零件表面的成形运动　切削时，机床使刀具和工件之间产生相对运动，运动的作用首先是把毛坯切削成要求的形状。因而，若从几何成形的角度分析刀具与工件之间的相对

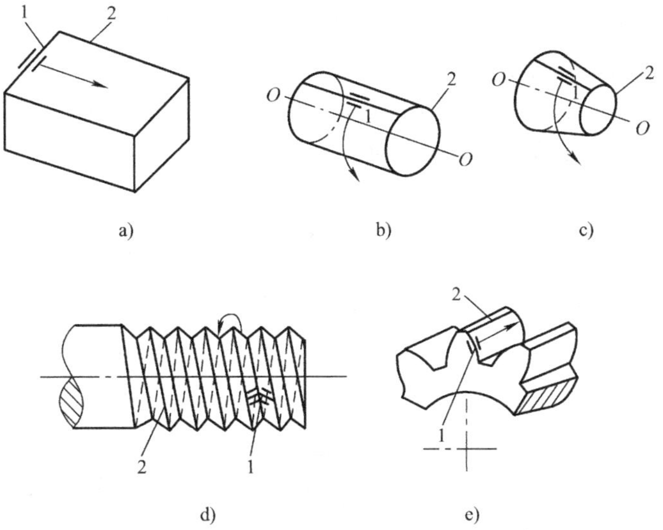

图 2-1　零件表面的成形

1—母线　2—导线

运动，可称为成形运动。

分析成形运动时，可以把几何学中各种表面的形成规律和切削时刀具与工件之间的相对运动的关系加以联系，如图 2-2 所示。

图 2-2a 是刨削平面示意图，刨刀的往复运动（Ⅰ）可视为直母线；工件的平行移动（Ⅱ）的轨迹所形成的直线可视为导线。

图 2-2b 是铣削平面示意图，铣刀上每个刀尖的旋转运动（Ⅰ）所形成的圆（忽略进给运动，可近似地看成圆）可视为母线，当工件水平移动（Ⅱ）时，这一系列的圆就包络出要求的平面来。展成法加工齿形时，渐开线表面也是包络而成。

图 2-2c 是车削外圆示意图，刀尖沿工件轴线方向平行移动（Ⅰ）的轨迹所形成的直线可视为母线，工件旋转运动（Ⅱ）时所形成的圆轨迹可视为导线。

图 2-2d 是用普通车刀车削成形面的示意图，车刀沿曲线（Ⅰ）所走的轨迹所形成的曲线可视为曲线母线。有时，母线可由刀具切削刃的形状直接体现。工件旋转运动（Ⅱ）时所形成的圆轨迹可视为导线。

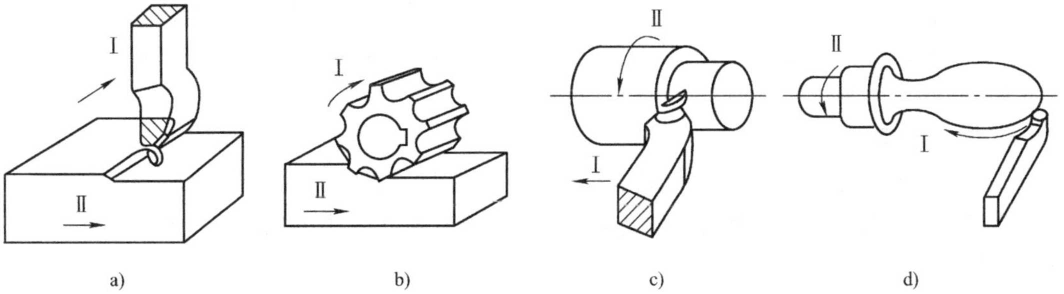

图 2-2　零件表面的成形运动

（3）零件表面的切削运动　从几何成形的角度出发分析刀具与工件之间的相对运动，目的是把相对运动与形成零件表面联系起来。当我们分析一台具体的机床上能够切削出哪些类型的零件（如轴、箱体）及哪些类型的表面（如外圆、平面）时，就要考虑机床能够使工件和刀具产生哪些切削运动，如图 2-3 所示。

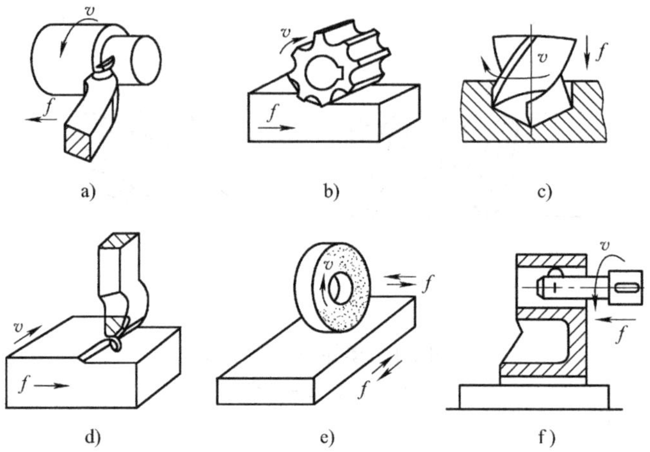

图 2-3　几种主要切削运动形式

a）车削　b）铣削　c）钻削　d）刨削　e）外圆磨削　f）镗削

v—主运动　f—进给运动

根据在切削过程中所起的作用来区分，切削运动分为主运动（v）和进给运动（f）。

1）主运动。主运动是切下切屑所需要的最基本的运动，也是切削运动中速度最高、消耗功率最多的运动。如车削外圆时工件的旋转，钻削、铣削和磨削时刀具的旋转，牛头刨床刨削时刀具的直线运动。

2）进给运动。进给运动是使刀具不断地对金属层进行切削，从而切削出完整表面所需要的运动。如车削外圆时刀具沿工件轴向的直线移动，牛头刨床刨平面时工件横向的直线移动。

应该注意：切削过程中主运动只有一个，进给运动可以多于一个。例如，车外圆时，要有纵向进给；磨削外圆时，除纵向进给外，还有圆周进给，才能切出完整的外圆表面。主运动和进给运动可由刀具或工件分别完成，也可由刀具单独完成（例如在钻床上钻孔，主运动和进给运动可以是旋转运动，也可以是直线运动）。

（二）切削要素

（1）切削时产生的表面　在切削运动作用下，工件上的切削层不断地被刀具切削并转变为切屑，从而加工出所需要的工件新表面。工件在切削过程中形成了三个不断变化着的表面，如图 2-4 所示。

1）待加工表面——工件上即将被切去切屑的表面。

2）已加工表面——工件上已切去切屑的表面。

3）过渡表面——工件上正被切削刃切削的表面。

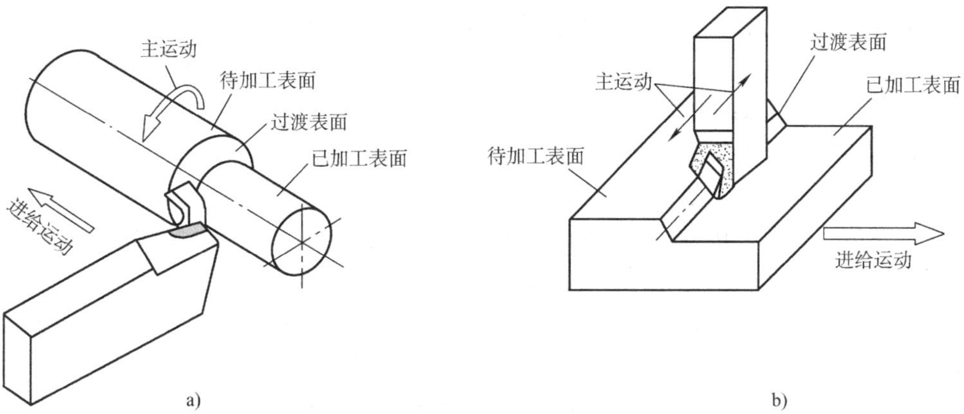

图 2-4 切削时产生的表面

a）车削时产生的表面 b）刨削时产生的表面

（2）切削用量 切削用量包括切削速度、进给量和背吃刀量，称为切削三要素。它们是表示主运动和进给运动最基本的物理量，是切削加工前调整机床运动的依据，并对加工质量、生产率及加工成本都有很大影响。

1）切削速度 v_c。即在单位时间内，工件和刀具沿主运动方向相对移动的距离。如主运动为旋转运动时，按下式计算切削速度（单位：m/min）

$$v_c = \pi Dn/1000 \tag{2-1}$$

式中 D——工件待加工表面或刀具的最大直径（mm）；

n——工件或刀具每分钟转数（r/min）。

如主运动为往复直线运动，则其平均切削速度（单位：m/min）计算式为

$$v_c = 2Ln_r/1000 \tag{2-2}$$

式中 L——往复直线运动的行程长度（mm）；

n_r——主运动每分钟的往复次数，即行程数（str/min）。

2）进给量 f。即在主运动的一个循环（或单位时间）内，刀具和工件之间沿进给运动方向相对运动的距离。

车削时，工件每转一转，刀具所移动的距离就是进给量，单位为 mm/r。

刨削时，刀具往复一次，工件移动的距离就是进给量，单位是 mm/str。

对于铣刀、铰刀、拉刀等多齿刀具，还规定每刀齿进给量 f_z，单位是 mm/z。

进给速度、进给量和每齿进给量之间的关系为

$$v_c = nf = nzf_z \tag{2-3}$$

3）背吃刀量 a_p。即待加工表面和已加工表面之间的垂直距离。

车削时，背吃刀量的计算式为

$$a_p = \frac{d_w - d_m}{2} \tag{2-4}$$

式中 d_w——工件待加工表面的直径（mm）；

d_m——工件已加工表面的直径（mm）。

切削用量是机械加工中最基本的工艺参数。切削用量的选择，对于机械加工质量、生产率和刀具的使用寿命有着直接而重要的影响。切削用量的选择取决于刀具材料、工件材料、工件表面加工余量、加工精度和表面粗糙度要求、生产方式等，可查阅《切削加工手册》。

(三) 金属切削机床的分类

金属切削机床简称为机床，是用切削刀具对工件进行切削加工的机器。

机床的分类方法较多，最基本的是按机床的加工方法和所用刀具及其用途划分为 11 大类：车床、钻床、镗床、刨插床、铣床、磨床、拉床、齿轮加工机床、螺纹加工机床、锯床和其他机床。其中最基本的机床是：车床、铣床、钻床、刨床和磨床。

除以上基本分类方法外，还可按机床的万能性、加工精度及自动化程度等进行分类。

按照机床的万能性，机床可分为通用机床、专门化机床、专用机床。通用机床适用于单件小批生产，可以加工一定尺寸范围内的各种类型的零件，并可完成多种工序，加工范围较广，但其传动与结构比较复杂，如卧式车床、万能铣床等。专门化机床的生产率比通用机床高，但使用范围比通用机床窄，只能加工一定尺寸范围内的某一类（或少数几类）零件，完成某一种（或少数几种）特定工序，如凸轮轴车床、精密丝杠车床等。专用机床的生产率、自动化程度都比较高，但使用范围最窄，通常只能完成某一特定零件的特定工序，如汽车、拖拉机制造中大量使用的各种组合机床等。

按照机床的加工精度不同，机床可分为普通精度机床、精密机床及高精度机床。

按照机床的质量和尺寸不同，机床可分为仪表机床、中型机床、大型机床、重型机床（质量在 30×10^3kg 以上）及超重型机床（质量在 100×10^3kg 以上）。

按照机床的自动化程度，机床可分为手动、机动、半自动和自动机床。

此外，机床还可按照主要功能部件（如主轴等）的数目等进行分类。

(四) 金属切削机床型号的编制方法

我国的机床型号现在是按国家标准 GB/T 15375—2008《金属切削机床　型号编制方法》编制的。此标准规定，机床型号由汉语拼音字母和数字按一定的规律组合而成，它适用于各类通用机床和专用机床（不包括组合机床）。下面对通用机床型号的编制方法做简要介绍。

通用机床的型号主要表示机床类型、特性、组别、主参数及重大改进顺序等，如型号 CF6140 表示最大车削直径为 400mm 的卧式仿形车床。

通用机床的型号表示方式如图 2-5 所示。

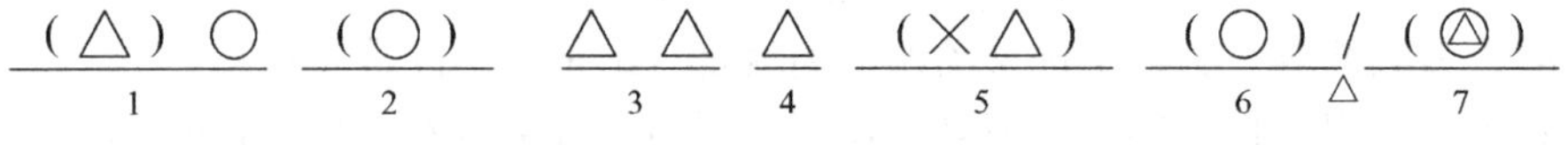

图 2-5　通用机床的型号表示方式

其中，“○”为大写汉语拼音字母；“△”为阿拉伯数字；“◎”表示既有汉语拼音字母，又有阿拉伯数字。有“( )”的代号或数字，无内容时可以不写，有内容时不带括号。

(1) 机床的类别代号（表 2-1）　机床的类是以机床名称的汉语拼音的第一个大写字母表示。当需要时，每一类又可分为若干分类。分类代号用阿拉伯数字表示，置于类别代号之前，居型号首位，但第一分类不予表示。如磨床类的三个分类应表示为 M、2M、3M。

表 2-1　机床的类和分类代号

类	车床	钻床	镗床	磨床			齿轮加工机床	螺纹加工机床	铣床	刨插床	拉床	锯床	其他机床
代号	C	Z	T	M	2M	3M	Y	S	X	B	L	G	Q
读音	车	钻	镗	磨	二磨	三磨	牙	丝	铣	刨	拉	割	其

（2）机床的特性代号（表 2-2）

1）通用特性代号。如某类型机床具有表 2-2 中所列的某种通用特性时，在类代号之后加上相应的通用特性代号，如 CM6132 型精密卧式车床型号中的“M”表示通用特性为“精密”。若某类型机床只有某种通用特性，而无普通型时，则此通用特性代号不必表示，如 C1312 型单轴转塔自动车床。

2）结构特性代号。为了区别主参数相同而结构不同的机床，在型号中用汉语拼音字母的大写区分，并排列在通用特性代号之后。如 CA6140 型卧式车床型号中的“A”为结构特性代号，表示 CA6140 型卧式车床在结构上有别于 C6140 型卧式车床。

为避免混淆，通用特性代号已用的字母和字母“I”“O”不能用作结构特性代号。可用作结构特性代号的字母有：A、D、E、L、N、P、T、Y，也可将这些字母中的两个组合起来表示，如 AD、AE 等。

表 2-2　机床的通用特性代号

通用特性	高精度	精密	自动	半自动	数控	加工中心自动换刀	仿形	轻型	加重型	简式或经济型	柔性加工单元	数显	高速
代号	G	M	Z	B	K	H	F	Q	C	J	R	X	S
读音	高	密	自	半	控	换	仿	轻	重	简	柔	显	速

（3）机床的组、系代号（表 2-3）　每类机床按其用途、性能、结构相近或有派生关系，分为 10 个组，每个组又分 10 个系列。机床的组、系代号用两位阿拉伯数字分别表示，第一位数字表示组别，第二位数字表示系别，位于类代号或通用特性代号（或结构特性）之后。例如，CM6132 中的“6”表示落地及卧式车床组，“1”表示卧式车床系。

表 2-3　金属切削机床类、组划分表

类别＼组别	0	1	2	3	4	5	6	7	8	9
车床 C	仪表车床	单轴自动、半自动车床	多轴自动、半自动车床	回轮、转塔车床	曲轴及凸轮轴车床	立式车床	落地及卧式车床	仿形及多刀车床	轮、轴、辊、锭及铲齿车床	其他车床
钻床 Z	—	坐标镗钻床	深孔钻床	摇臂钻床	台式钻床	立式钻床	卧式钻床	铣钻床	中心孔钻床	—
镗床 T	—	—	深孔镗床	—	坐标镗床	立式镗床	卧式铣镗床	精镗床	汽车、拖拉机修理用镗床	—

（续）

类别＼组别		0	1	2	3	4	5	6	7	8	9
磨床	M	仪表磨床	外圆磨床	内圆磨床	砂轮机	坐标磨床	导轨磨床	刀具刃磨床	平面及端面磨床	曲轴、凸轮轴、花键轴及轧辊磨床	工具磨床
	2M	—	超精机	内圆研磨机	外圆及其他研磨机	抛光机	砂带抛光及磨削机床	刀具刃磨及研磨机床	可转位刀片磨削机床	研磨机	其他磨床
	3M	—	球轴承套圈沟磨床	滚子轴承套圈滚道磨床	轴承套圈超精机床	—	叶片磨削机床	滚子加工机床	钢球加工机床	气门、活塞及活塞环磨削机床	汽车、拖拉机修磨机床
齿轮加工机床 Y		仪表齿轮加工机	—	锥齿轮加工机	滚齿及铣齿机	剃齿及研齿机	插齿机	花键轴铣床	齿轮磨齿机	其他齿轮加工机	齿轮倒角及检查机
螺纹加工机床 S		—	—	—	套丝机	攻丝机	—	螺纹铣床	螺纹磨床	螺纹车床	—
铣床 X		仪表铣床	悬臂及滑枕铣床	龙门铣床	平面铣床	仿形铣床	立式升降台铣床	卧式升降台铣床	床身铣床	工具铣床	其他铣床
刨插床 B		—	悬臂刨床	龙门刨床	—	—	插床	牛头刨床	—	边缘及模具刨床	其他刨床
拉床 L		—	—	侧拉床	卧式外拉床	连续拉床	立式内拉床	卧式内拉床	立式外拉床	键槽及螺纹拉床	其他拉床
锯床 G		—	—	砂轮片锯床	—	卧式带锯床	立式带锯床	圆锯床	弓锯床	锉锯床	—
其他机床 Q		其他仪表机床	管子加工机床	木螺钉加工机	—	刻线机	切断机	—	—	—	—

（4）主参数或设计顺序号　主参数是表示机床规格大小及反映机床最大工作能力的一种参数，以机床最大加工尺寸或与此有关的机床部件尺寸的折算值表示，位于组、型代号之后。

各种型号的机床，其主参数的折算系数可以不同。一般来说，对于以最大棒料直径为主参数的自动车床、以最大钻孔直径为主参数的钻床和以额定拉力为主参数的拉床，其折算系数为 1；对于以床身上最大工件回转直径为主参数的卧式车床、以最大工件直径为主参数的绝大多数齿轮加工机床、以工作台工作面宽度为主参数的立式和卧式铣床、绝大多数镗床和磨床，其主参数的折算系数为 1/10；大型立式车床、龙门刨床、龙门铣床的主参数折算系数为 1/100。

对于某些通用机床，当无法用一个主参数表示时，在型号中用设计顺序号表示，设计顺序号由01开始。例如某厂设计试制的第五种仪表磨床为刀具磨床，因该磨床无法用主参数表示，故用设计顺序号“05”表示，则此磨床的型号为M0605。

（5）主轴数或第二主参数　一般是指主轴数、最大跨距、最大工件长度、最大模数、最大车削（磨削、刨削）长度及工作台工作面长度等。它在型号中的表示方法如下：

1）多轴机床的主轴数，以实际的轴数标于型号中的主参数之后，并用“×”分开，读作“乘”。对于单轴机床，可省略，不予表示。

2）当机床的最大工件长度、最大加工长度、工作台工作面长度、最大跨距、最大模数等第二参数变化而引起机床结构产生较大变化时，为了区分，将第二主参数列入型号中表示。凡第二主参数属于长度、深度、跨距、行程等时，折算系数为1/100；凡属直径、宽度时，用1/10折算系数；最大模数、厚度等则折算系数为1。当折算值大于1时，则取整数；当折算值小于1时，则取小数点后第一位数，并在前面加“0”。

（6）重大改进顺序号　当机床的性能及结构布局有重大改进，并按新产品重新设计、试制和鉴定后，应在机床型号中加重大改进顺序号，以示区别。重大改进顺序号按改进的次序分别用汉语拼音字母（大写）A、B、C等表示。例如型号M7150A表示工作台工作面宽度为500mm，经第一次重大改进设计的卧轴矩台平面磨床；型号CG6125B中的“B”表示CG6125型高精度卧式车床的第二次重大改进。

（7）其他特性代号　用以反映各类机床的特性，用阿拉伯数字或汉语拼音字母或阿拉伯数字与汉语拼音字母组合来表示。

通用机床的型号编制举例，如图2-6所示。

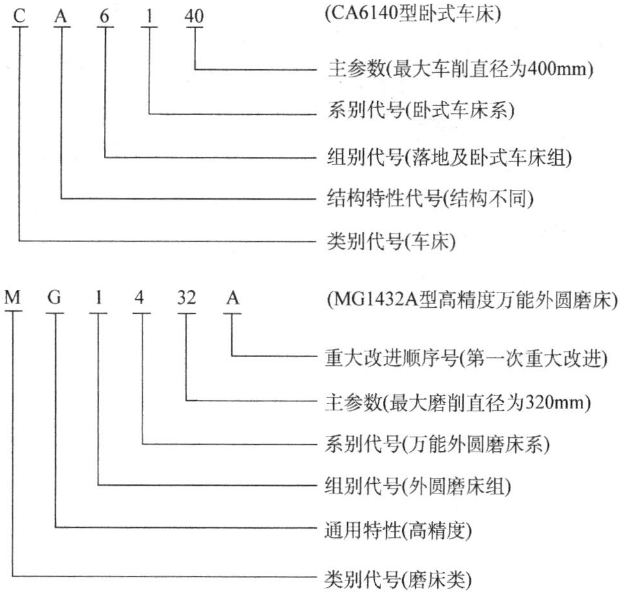

图2-6　通用机床的型号编制

目前，工厂中使用较为普遍的几种老型号机床，是按1959年以前公布的机床型号编制办法编定的。按规定，以前已定的型号现在不改变。

（五）车床及其种类

车床主要用于车削加工。在车床上可以加工内外圆柱面、圆锥面和成形回转表面；也可以车削端面和环槽，加工各种常用的米制、寸制、模数制和径节制螺纹等。

在一般的机器制造厂中，车床在金属切削机床中所占的比重最大，约占金属切削机床总台数的20%～35%。由此可见，车床的应用是很广泛的，而卧式车床总台数约占车床类机床的60%。

车床的种类很多，按其用途和结构的不同，主要可分为卧式车床、立式车床、转塔车床、多刀半自动车床、仿形车床及仿形半自动车床、单轴自动车床及多轴自动车床等。

此外，还有专门化车床，如凸轮轴车床、曲轴车床、高精度丝杠车床、车轮车床等。

车床的成形运动有主运动和纵向、横向及车螺纹进给运动。辅助运动有刀具的切入运动，分度、调位及其他各种空行程运动（如装卸、开机、停机、快速趋近、退回等）。

（六）CA6140车床（图2-7）简介

1. 车床的工艺范围

车床的工艺范围很广，它适用于加工各种轴类、套筒类和盘类零件上的回转表面，如内、外圆柱面，圆锥面，环槽及成形回转表面；端面及各种常用螺纹；还可以进行钻孔、扩孔、铰孔和滚花等工艺。

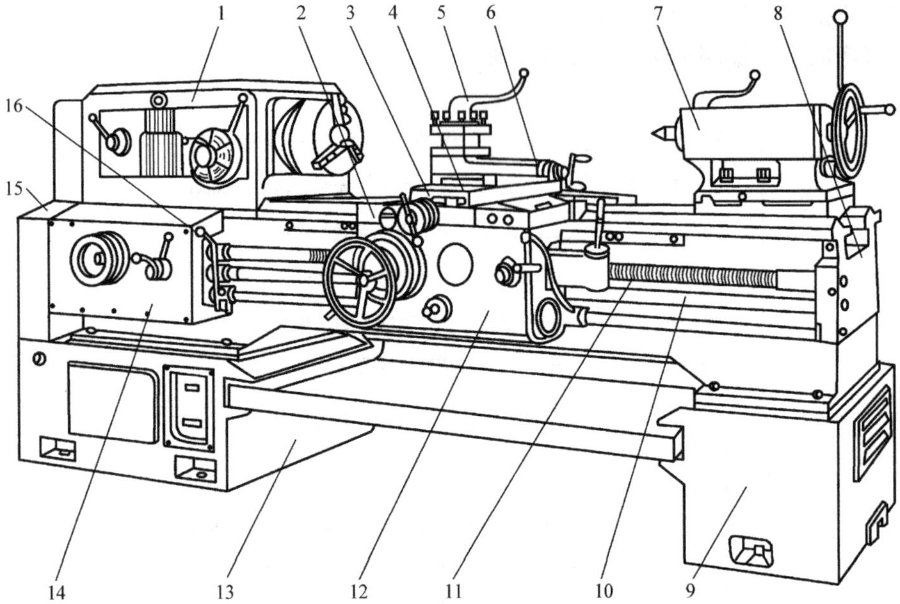

图2-7 CA6140型卧式车床外形图

1—主轴箱 2—床鞍 3—中滑板 4—回转盘 5—方刀架 6—小滑板 7—尾座 8—床身 9、13—床腿 10—光杠 11—丝杠 12—溜板箱 14—进给箱 15—交换齿轮架 16—操纵手柄

2. 车床的布局及主要技术性能

由于卧式车床主要加工轴类和直径不太大的盘套类零件，所以采用卧式布局，其主要性

能如下：

床身上最大工件回转直径------400mm
最大工件长度------750mm；1000mm；1500mm；2000mm
刀架上最大工件回转直径------210mm
主轴转速：正转　24 级------10 ~ 1400r/min
反转　12 级------14 ~ 1580r/min
进给量：纵向　64 级------0.028 ~ 6.33mm/r
横向　64 级------0.014 ~ 3.16mm/r
车削螺纹范围：米制螺纹　44 种------P = 1 ~ 192mm
寸制螺纹　20 种------α = 2 ~ 24 牙/in（1in = 25.4mm）
模数制螺纹　39 种------m = 0.25 ~ 48mm
径节制螺纹　37 种------DP = 1 ~ 96 牙/in
主电动机功率：------7.5kW

3. 车床的主要组成部件

CA6140 型卧式车床主要由主轴箱、进给箱、溜板箱、床鞍、尾座、床身、中滑板、小滑板、回转盘、方刀架、左右床腿、光杠、丝杠、交换齿轮架、操纵手柄等部分构成。

（1）主轴箱　主轴箱 1（俗称为床头箱或主变速箱）固定在床身 8 的左端。其内装有主轴和变速、换向机构，由电动机经变速机构带动主轴旋转，实现主运动，并获得所需转速及转向。主轴前端可安装自定心卡盘、单动卡盘等夹具，用以装夹工件。

（2）床鞍　床鞍 2（俗称为大拖板）位于床身 8 的中部，可带动中滑板 3、回转盘 4、小滑板 6 和方刀架 5 沿床身上的导轨做纵向进给运动。

（3）溜板箱　溜板箱 12 固定在床鞍 2 的底部，可带动方刀架 5 一起做纵向运动。溜板箱的功用是将进给箱 14 传来的运动传递给方刀架，使方刀架实现纵向进给、横向进给、快速移动或车螺纹。在溜板箱上装有各种操纵手柄及按钮，可以方便地选择纵、横机动进给运动的接通、断开及变向。溜板箱内设有联锁装置，可以避免光杠 10 和丝杠 11 同时转动。

（4）进给箱　进给箱 14 固定在床身 8 的左前侧。进给箱是进给运动传动链中主要的传动比变换装置，它的功用是改变被加工螺纹的导程或机动进给的进给量。

（5）方刀架　方刀架 5 用来夹持车刀，并使其做纵向、横向或斜向移动。方刀架安装在小滑板 6 上；小滑板装在回转盘 4 上，可沿回转盘上的导轨做短距离移动；回转盘可带动方刀架 5 在中滑板 3 上顺时针方向或逆时针方向转动一定的角度；中滑板可在床鞍 2 的横向导轨上做垂直于床身的横向移动；床鞍可沿床身的导轨做纵向移动。

（6）尾座　尾座 7 安装于床身 8 的尾座导轨上。其上的套筒可安装顶尖，以便支承较长工件的一端；也可装夹钻头、铰刀等孔加工刀具，对工件进行加工，此时可摇动手轮使套筒轴向移动，以实现纵向进给。尾座可沿床身顶面的一组导轨（尾座导轨）做纵向调整移动，然后夹紧在所需要的位置上，以适应加工不同长度工件的需要。尾座还可以相对其底座沿横向调整位置，以车削较长且锥度较小的外圆锥面。

（7）床身　床身 8 固定在左床腿 13 和右床腿 9 上。床身是车床的基本支承件。车床的各个主要部件均安装于床身上，并保持各部件间具有准确的相对位置。

（8）丝杠　丝杠用于螺纹加工，进给时将进给箱的运动传给溜板箱。

（9）光杠　光杠用于一般的车削加工，进给时将进给箱的运动传给溜板箱。

4. 车床的传动系统

CA6140型卧式车床的传动系统由主运动传动链、车螺纹运动传动链、纵向进给运动传动链、横向进给运动传动链和刀架的快速空行程传动链组成。

传动系统的结构如图2-8所示。

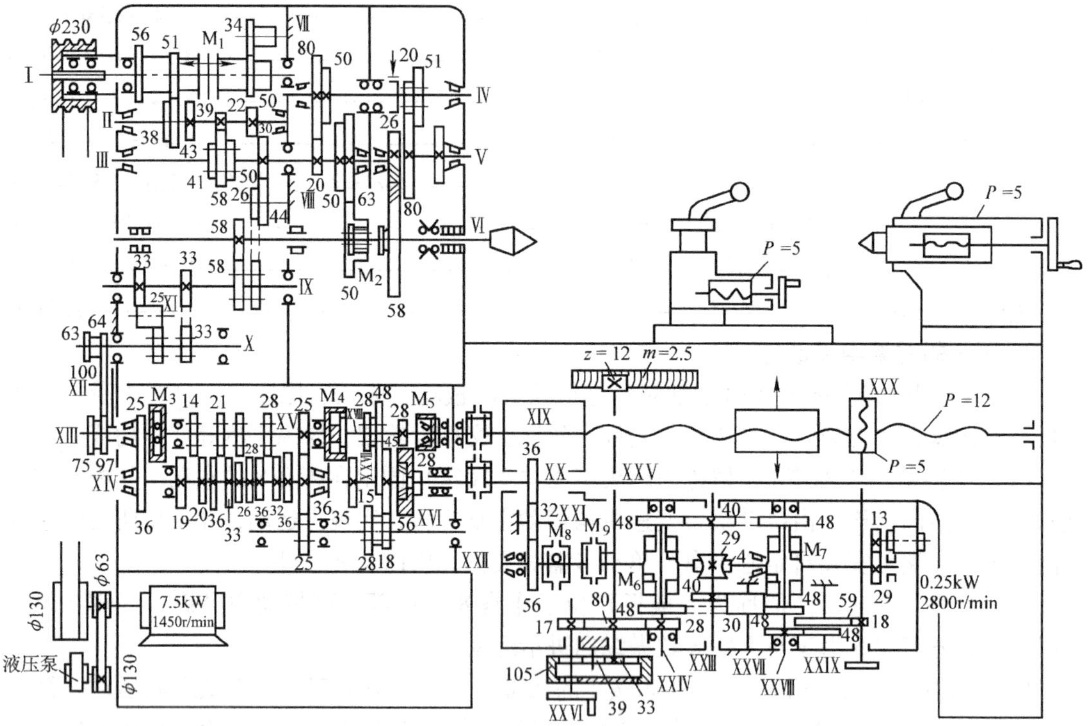

图2-8　CA6140型卧式车床的传动系统

（1）主运动传动链

1）传动路线。运动由电动机传出，经过带传动$\frac{\phi 130}{\phi 230}$使轴Ⅰ获得旋转运动。为控制主轴的起动、停止及旋转方向的变换，在轴Ⅰ上装有双向多片离合器M_1，且轴Ⅰ上装有齿数为56、51的双联空套齿轮和齿数为50的空套齿轮。当M_1左边的摩擦片被压紧工作时，运动由轴上的双联齿轮传出，实现主轴正转；当M_1右边的摩擦片被压紧工作时，运动由轴Ⅰ上齿数为50的齿轮传出，实现主轴反转；两边摩擦片均不压紧时，轴Ⅰ空转，主轴停止转动。轴Ⅰ的运动经M_1和双联滑移齿轮变速组传至轴Ⅱ，使轴Ⅱ获得两种正转转速；经M_1和$\frac{50}{34}\times\frac{34}{30}$传至轴Ⅱ，使轴Ⅱ获得一种反转转速。由此可知，反转转速级数为正转转速级数的一半。轴Ⅱ的运动经三联滑移齿轮变速组，即齿轮副$\frac{39}{41}$、$\frac{22}{58}$、$\frac{30}{50}$传至轴Ⅲ，使轴Ⅲ获得六种正转转速。运动传到轴Ⅲ后，经过两条不同的传动路线传递，一条是高速传动路线，即主轴上带内齿的$z=50$的滑移齿轮处于图示位置时，轴Ⅲ的运动经齿轮副$\frac{63}{50}$直接传给主轴，使主轴获得6级高转速；第二条是中低速传动路线，当$z=50$的齿轮处于右边位置（右移）使

M_2 接合工作时，轴Ⅲ的运动经齿轮副$\frac{20}{80}$或$\frac{50}{50}$传到轴Ⅳ，再经齿轮副$\frac{20}{80}$或$\frac{51}{50}$传到轴Ⅴ，然后经齿轮副$\frac{26}{58}$传给主轴Ⅵ，使主轴得到中、低档转速。

为便于分析机床的传动路线，常用传动路线表达式（又称传动结构式）来表示机床的传动路线，其表达式为

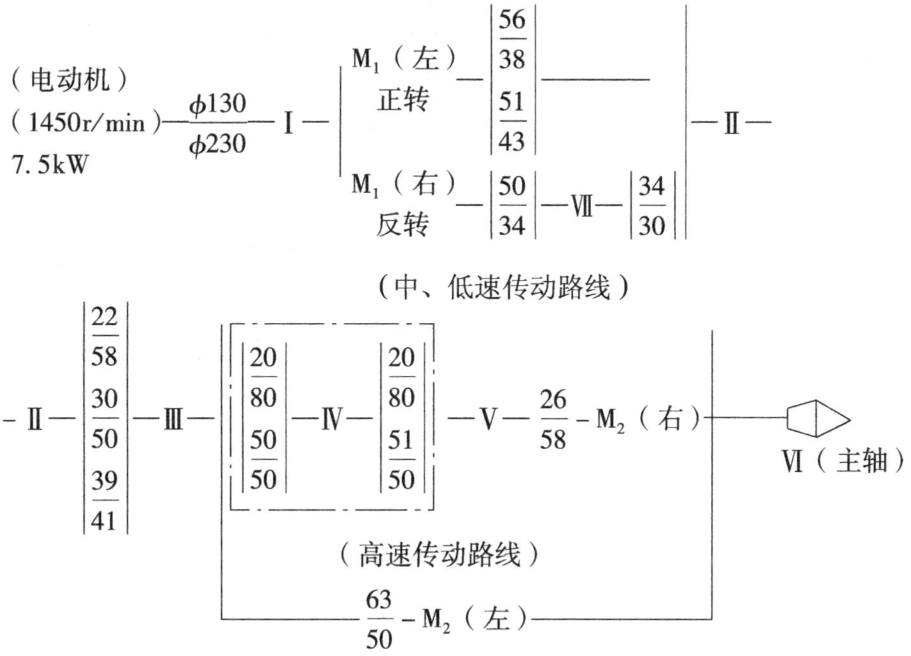

轴Ⅲ至轴Ⅴ间的两组双联滑移齿轮变速组的四种传动比分别为

$$u_1=\frac{20}{80}\times\frac{20}{80}=\frac{1}{16},\quad u_2=\frac{20}{80}\times\frac{51}{50}\approx\frac{1}{4};\quad u_3=\frac{50}{50}\times\frac{20}{80}=\frac{1}{4};\quad u_4=\frac{50}{50}\times\frac{51}{50}\approx1$$

2）主轴转速级数。主轴正转时，经中、低速传动路线，其中 $u_2\approx u_3$，主轴转速级数为 $2\times3\times(4-1)=18$ 级（重复六种转速），加上六种高速，主轴的实际转速为 $6+2\times3\times(4-1)=24$ 级。

同理，主轴反转时，获得 $3+3\times(4-1)=12$ 级转速。

3）主运动平衡式。主轴的转速可按下列运动平衡式计算

$$n_{主}=n_{电}\times\frac{130}{230}\times(1-\varepsilon)\ \mu_{\mathrm{I}\text{-}\mathrm{II}}\mu_{\mathrm{II}\text{-}\mathrm{III}}\mu_{\mathrm{III}\text{-}\mathrm{IV}} \tag{2-5}$$

式中 ε——V 带轮的滑动系数，可取 $\varepsilon=0.02$；

$\mu_{\mathrm{I}\text{-}\mathrm{II}}$——轴Ⅰ和轴Ⅱ间的可变传动比，其余类推。

例如，图 2-8 所示的齿轮啮合情况（离合器 M_2 拨向左侧），主轴的转速为

$$n_{主}=1450\times\frac{130}{230}\times(1-0.02)\times\frac{51}{43}\times\frac{22}{58}\times\frac{63}{50}\mathrm{r/min}\approx450\mathrm{r/min} \tag{2-6}$$

主轴反转主要用于车削螺纹，在不断开主轴和刀架间传动联系的情况下，使刀架退回到起始位置。

4）主轴转速图。主运动的传动路线也可用图 2-9 所示的转速图来表示。

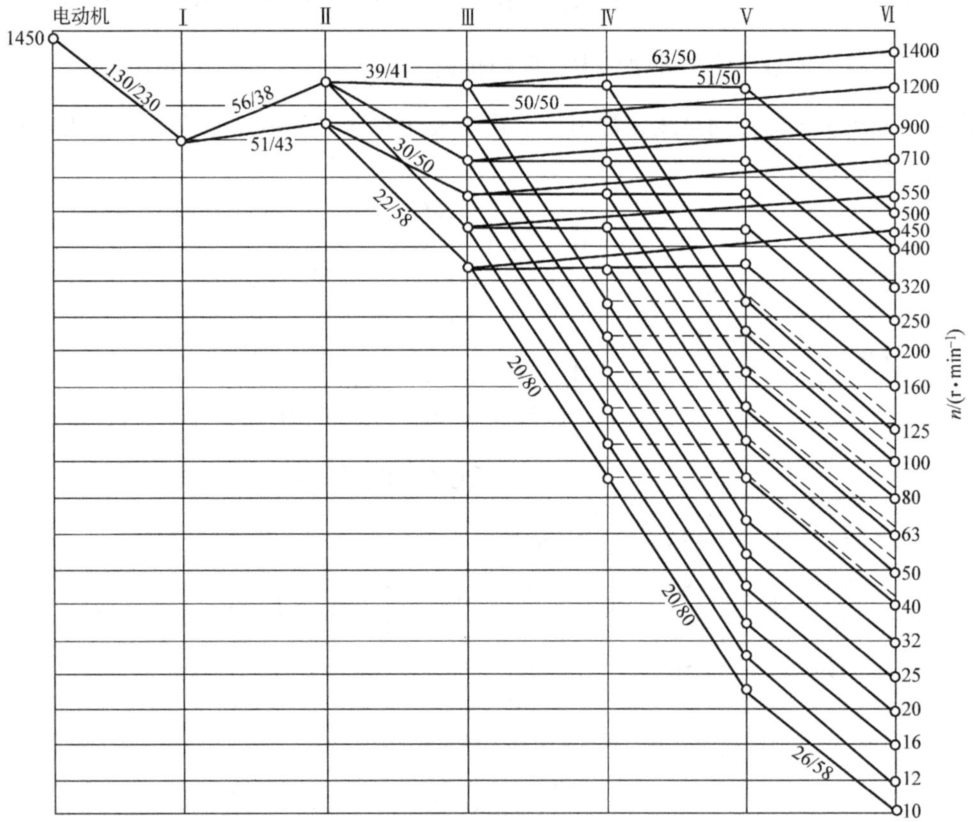

图 2-9　转速图

（2）进给运动传动链　进给运动传动链是实现刀架纵向或横向运动的传动链。进给运动的动力来源也是电动机。运动由电动机→主运动传动链→主轴→进给运动传动链→刀架，使刀架实现机动的纵向、横向进给运动或车螺纹运动。由于进给量及螺纹的导程是以主轴每转过一转时刀架的移动量来表示的，因此该传动路线的两个末端元件分别是主轴和刀架。它包括车螺纹进给运动传动路线和机动进给运动传动链。

1）车螺纹时的传动路线。CA6140 型卧式车床可以车削米制、寸制、模数制和径节制四种标准螺纹、大导程螺纹、非标准和较精密的螺纹，以及上述各种螺纹的左旋和右旋螺纹。车削螺纹时，主轴与刀架之间必须保持严格的传动比关系，即主轴每转一转，刀架应均匀地移动一个导程 P。由此可列出车削螺纹传动链的运动平衡方程式为

$$1_{(主轴)} u P_{h丝} = P_h \tag{2-7}$$

式中　u——从主轴到丝杠之间全部传动副的总传动比；

$P_{h丝}$——机床丝杠的导程，CA6140 型卧式车床的 $P_{h丝} = 12mm$；

P_h——被加工工件的导程（mm）。

①车削米制螺纹。

a）车削米制螺纹的传动路线。车削米制螺纹时，运动由主轴Ⅵ经齿轮副 58/58 传至轴Ⅸ，再经三星轮换向机构 33/33$\left(车左旋螺纹时经\frac{33}{25}\times\frac{25}{33}\right)$传至轴Ⅹ，再经交换齿轮$\frac{63}{100}\times\frac{100}{75}$

传到进给箱中的轴 XⅢ，进给箱中的离合器 M_3 和 M_4 脱开，M_5 接合，再经移换机构的齿轮副 25/36 传到轴XⅣ，由轴XⅣ和轴 XV 间的基本变速组 u_j、移换机构的齿轮副$\frac{25}{36}\times\frac{36}{25}$将运动传到轴XⅥ，再经增倍变速组 u_b 传至轴XⅧ，最后经齿式离合器 M_5、传动丝杠XⅨ，经溜板箱带动刀架纵向运动，完成米制螺纹的加工。其传动路线表达式如下：

$$\text{主轴Ⅵ}-\frac{58}{58}-\text{Ⅸ}-\left\{\begin{matrix}\frac{33}{33}\ (\text{右旋螺纹})\\ \frac{33}{25}-\text{Ⅺ}-\frac{25}{33}\ (\text{左旋螺纹})\end{matrix}\right\}-\text{Ⅹ}-\frac{63}{100}\times\frac{100}{75}-\text{XⅢ}-\frac{25}{36}-\text{XⅣ}$$

$$-u_j-\text{XV}-\frac{36}{25}\times\frac{25}{36}-\text{XⅥ}-u_b-\text{XⅧ}-M_5\ (\text{啮合})\ -\text{XⅨ}\ (\text{丝杠})\ -\text{刀架}$$

b）车削米制螺纹的运动平衡式。由传动系统图和传动路线表达式，可以列出车削米制螺纹的运动平衡式

$$P_h=1_{(\text{主轴})}\times\frac{58}{58}\times\frac{33}{33}\times\frac{63}{100}\times\frac{100}{75}\times\frac{25}{36}\times u_j\times\frac{25}{36}\times\frac{36}{25}\times u_b\times 12 \tag{2-8}$$

式中　u_j、u_b——分别为基本变速组传动比和增倍变速组传动比。

将上式化简可得

$$P_h=7u_ju_b \tag{2-9}$$

进给箱中的基本变速组传动比 u_j 为双轴滑移齿轮变速机构，由轴XⅣ上的八个固定齿轮和轴 XV 上的四个滑移齿轮组成，每个滑移齿轮可分别与邻近的两个固定齿轮相啮合，共有八种不同的传动比

$$u_{j1}=\frac{26}{28}=\frac{6.5}{7}\qquad u_{j2}=\frac{28}{28}=\frac{7}{7}\qquad u_{j3}=\frac{32}{28}=\frac{8}{7}\qquad u_{j4}=\frac{36}{28}=\frac{9}{7}$$

$$u_{j5}=\frac{19}{14}=\frac{9.5}{7}\qquad u_{j6}=\frac{20}{14}=\frac{10}{7}\qquad u_{j7}=\frac{33}{21}=\frac{11}{7}\qquad u_{j8}=\frac{36}{21}=\frac{12}{7}$$

不难看出，除了 u_{j1} 和 u_{j5} 外，其余的六个传动比组成一个等差数列。改变 u_j 的值，就可以车削出按等差数列排列的导程组。

进给箱中的增倍变速组传动比 u_b 由轴XⅥ和轴XⅧ间的三轴滑移齿轮机构组成，可变换四种不同的传动比

$$u_{b1}=\frac{18}{45}\times\frac{15}{48}=\frac{1}{8}\qquad u_{b2}=\frac{28}{35}\times\frac{15}{48}=\frac{1}{4}$$

$$u_{b3}=\frac{18}{45}\times\frac{35}{28}=\frac{1}{2}\qquad u_{b4}=\frac{28}{35}\times\frac{35}{28}=1$$

它们之间依次相差 2 倍，改变 u_b 的值，可将基本组的传动比成倍地增加或缩小。

把 u_j、u_b 的值代入式（2-9），得到 $8\times4=32$ 种导程值，其中符合标准的有 20 种，见表 2-4。可以看出，表中的每一行都是按等差数列排列的，而行与行之间则成倍数关系。

表 2-4　CA6140 型卧式车床米制螺纹导程　（单位：mm）

导程 P_h / 基本组 u_j / 增倍组 u_b	$\frac{26}{28}$	$\frac{28}{28}$	$\frac{32}{28}$	$\frac{36}{28}$	$\frac{19}{14}$	$\frac{20}{14}$	$\frac{33}{21}$	$\frac{36}{21}$
$u_{b1}=\frac{18}{45}\times\frac{15}{48}=\frac{1}{8}$	—	—	1	—	—	1.25	—	1.5
$u_{b2}=\frac{28}{35}\times\frac{15}{48}=\frac{1}{4}$	—	1.75	2	2.25	—	2.5	—	3
$u_{b3}=\frac{18}{45}\times\frac{35}{28}=\frac{1}{2}$	—	3.5	4	4.5	—	5	5.5	6
$u_{b4}=\frac{28}{35}\times\frac{35}{28}=1$	—	7	8	9	—	10	11	12

c）扩大导程传动路线。从表 2-4 可以看出，传动路线能加工的最大螺纹导程是 12mm。如果需车削导程大于 12mm 的米制螺纹，应采用扩大导程传动路线。这时，主轴Ⅵ的运动（此时 M_2 接合，主轴处于低速状态）经斜齿轮传动副 58/26 传到轴Ⅴ，经背轮机构 80/20 与 80/20 或 50/50 传至轴Ⅲ，再经 44/44、26/58（轴Ⅸ滑移齿轮 z_{58} 处于右位，与轴Ⅷ上的 z_{26} 啮合）传到轴Ⅸ，其传动路线表达式为

$$\text{主轴Ⅵ}-\left\{\begin{array}{l}\text{（扩大导程）}\ \frac{58}{26}-\text{Ⅴ}-\frac{80}{20}-\text{Ⅳ}-\left\{\begin{array}{c}\frac{50}{50}\\ \frac{80}{20}\end{array}\right\}-\text{Ⅲ}-\frac{44}{44}\times\frac{26}{58}\\ \text{（正常导程）}\ -------\frac{58}{58}-------\end{array}\right\}-\text{Ⅸ}-\text{（接正常导程传动路线）}$$

从传动路线表达式可知，扩大螺纹导程时，主轴Ⅵ到轴Ⅸ的传动比为

——当主轴转速为 40 ~ 125r/min 时，$u_1=\frac{58}{26}\times\frac{80}{20}\times\frac{50}{50}\times\frac{44}{44}\times\frac{26}{58}=4$

——当主轴转速为 10 ~ 32r/min 时，$u_2=\frac{58}{26}\times\frac{80}{20}\times\frac{80}{20}\times\frac{44}{44}\times\frac{26}{58}=16$

而正常螺纹导程时，主轴Ⅵ到轴Ⅸ的传动比为

$$u=\frac{58}{58}=1$$

所以，通过扩大导程传动路线可将正常的螺纹导程扩大 4 倍或 16 倍。CA6140 型卧式车床车削大导程米制螺纹时，最大螺纹导程为 $P_{hmax}=12\times16\text{mm}=192\text{mm}$。

②车削寸制螺纹。寸制螺纹是英、美等国家所采用的螺纹标准。我国部分管螺纹也采用寸制螺纹。寸制螺纹以每英寸长度上的螺纹牙数 α（牙/in）表示，其标准值也按分段等差数列的规律排列。寸制螺纹的导程 $P_\alpha=1/\alpha$（单位为 in）。由于 CA6140 型卧式车床的丝杠采用米制螺纹，被加工的寸制螺纹也应换算成以毫米为单位的相应导程值，即

$$P_{\alpha}=\frac{1}{\alpha}\text{in}=\frac{25.4}{\alpha}\text{mm} \tag{2-10}$$

车削寸制螺纹时，对传动路线做如下变动：首先，改变传动链中部分传动副的传动比，使其包含特殊因子25.4；其次，将基本组两轴的主、从动关系对调，以便使分母为等差级数；其余部分的传动路线与车削米制螺纹时相同。其运动平衡式为

$$\begin{aligned}P_{\alpha}&=1_{(\text{主轴})}\times\frac{58}{58}\times\frac{33}{33}\times\frac{63}{100}\times\frac{100}{75}\times\frac{1}{\mu_{j}}\times\frac{36}{25}\times\mu_{b}\times12\\&=\frac{4}{7}\times25.4\times\frac{1}{\mu_{j}}\times\mu_{b}\end{aligned} \tag{2-11}$$

将 $P_{\alpha}=25.4/\alpha$ 代入上式得

$$\alpha=\frac{7}{4}\frac{\mu_{j}}{\mu_{b}} \tag{2-12}$$

变换 u_{j}、u_{b} 的值，就可得到各种标准的寸制螺纹。

③车削模数制螺纹。模数制螺纹主要用在米制蜗杆中。模数制螺纹的螺距 $P=\pi m$，P 也是分段等差数列，所以模数制螺纹的导程为

$$P_{m}=k\pi m \tag{2-13}$$

式中　P_{m}——模数制螺纹的导程（mm）；

k——螺纹的线数；

m——螺纹模数（mm）。

模数制螺纹的标准模数 m 也是分段等差数列。车削时的传动路线与车削米制螺纹的传动路线基本相同。由于模数制螺纹的螺距中含有因子 π，因此车削模数制螺纹时所用的交换齿轮与车削米制螺纹时不同，需用 $\frac{64}{100}\times\frac{100}{97}$ 来引入常数 π，其运动平衡式为

$$P_{m}=1_{(\text{主轴})}\times\frac{58}{58}\times\frac{33}{33}\times\frac{64}{100}\times\frac{100}{97}\times\frac{25}{36}\times\mu_{j}\times\frac{25}{36}\times\frac{36}{25}\times\mu_{b}\times12 \tag{2-14}$$

式中 $\frac{64}{100}\times\frac{100}{97}\times\frac{25}{36}\approx\frac{7\pi}{48}$，其绝对误差为0.00004，相对误差为0.00009，这种误差很小，一般可以忽略。将运动平衡式整理后得

$$m=\frac{7}{4k}\mu_{j}\mu_{b} \tag{2-15}$$

变换 u_{j}、u_{b} 的值，就可得到各种不同模数的螺纹。

④车削径节制螺纹。径节制螺纹主要用于同寸制蜗轮相配合，即为寸制蜗杆，其标准参数为径节，用 DP 表示，为 z/D，可得蜗轮的齿距为

$$P=\frac{\pi D}{z}=\frac{\pi}{\frac{z}{D}}=\frac{\pi}{DP} \tag{2-16}$$

式中　z——蜗轮的齿数；

D——蜗轮的分度圆直径（in）。

只有寸制蜗杆的轴向齿距 P_{DP} 与蜗轮齿距 π/DP 相等才能正确啮合，则径节制螺纹的导程为

$$P_{DP}=\frac{\pi}{DP}\text{in}=\frac{25.4\pi}{DP}\text{mm} \tag{2-17}$$

标准径节的数列也是分段等差数列。径节制螺纹的导程排列的规律与寸制螺纹相同，只是含有特殊因子25.4π。车削径节制螺纹时，可采用寸制螺纹的传动路线，但交换齿轮需换为$\frac{64}{100}\times\frac{100}{97}$，其运动平衡式为

$$P_{DP}=1_{(主轴)}\times\frac{58}{58}\times\frac{33}{33}\times\frac{64}{100}\times\frac{100}{97}\times\frac{1}{\mu_j}\times\frac{36}{25}\times\mu_b\times12 \tag{2-18}$$

上式中 $\frac{64}{100}\times\frac{100}{97}\times\frac{36}{25}\approx\frac{25.4\pi}{84}$，将运动平衡式整理后得

$$DP=7k\frac{\mu_j}{\mu_b} \tag{2-19}$$

变换u_j、u_b的值，可得常用的24种螺纹径节。

⑤车削非标准螺纹和精密螺纹。所谓非标准螺纹，是指利用上述传动路线无法得到的螺纹。这时需将进给箱中的齿式离合器M_1、M_4和M_5全部啮合，被加工螺纹的导程$P_{h工}$依靠调整交换齿轮的传动比$\mu_{挂}$来实现。其运动平衡式为

$$P_{h工}=1_{(主轴)}\times\frac{58}{58}\times\frac{33}{33}\times\mu_{挂}\times12 \tag{2-20}$$

交换齿轮的换置公式为

$$\mu_{挂}=\frac{a}{b}\times\frac{c}{d}=\frac{P_{h工}}{12} \tag{2-21}$$

适当地选择交换齿轮a、b、c及d的齿数，就可车削出所需要的非标准螺纹。同时，由于螺纹传动链不再经过进给箱中的任何齿轮传动，减少了传动件制造和装配误差对被加工螺纹导程的影响，若选择高精度的齿轮作为交换齿轮，则可加工精密螺纹。

2）机动进给运动传动链。机动进给运动传动链主要用来加工圆柱面和端面。为了减少螺纹传动链中丝杠及开合螺母的磨损，保证螺纹传动链的精度，机动进给是由光杠经溜板箱传动的。

①纵向机动进给运动传动链。CA6140型卧式车床的纵向机动进给量有64种。当运动由主轴经正常导程的米制螺纹传动路线时，可获得正常的进给量。这时的运动平衡式为

$$f_{纵}=1_{(主轴)}\times\frac{58}{58}\times\frac{33}{33}\times\frac{63}{100}\times\frac{100}{75}\times\frac{25}{36}\times\mu_j\times\frac{25}{36}\times\frac{36}{25}\times u_b\times\frac{28}{56}\times\frac{36}{32}\times\frac{32}{36}\times$$
$$\frac{4}{29}\times\frac{40}{48}\times\frac{28}{80}\times\pi\times2.5\times12 \tag{2-22}$$

将上式化简可得

$$f_{纵}=0.711u_ju_b \tag{2-23}$$

通过变换u_j、u_b的值，可得到32种正常进给量（范围为0.08～1.22mm/r），其余32种进给量可分别通过寸制螺纹传动路线和扩大导程传动路线得到。

②横向机动进给运动传动链。由传动系统图分析可知，当横向机动进给与纵向机动进给的传动路线一致时，所得到的横向进给量是纵向进给量的一半，横向与纵向进给量的种类数相同，都为64种。

③刀架快速机动移动。为了缩短辅助时间，提高生产效率，CA6140型卧式车床的刀架

可实现快速机动移动。刀架的纵向和横向快速移动由快速移动电动机（$P=0.25\text{kW}$，$n=2800\text{r/min}$）传动，经齿轮副13/29使轴XXII高速转动，再经蜗杆副4/29、溜板箱内的转换机构，使刀架实现纵向或横向的快速移动。快移方向由溜板箱中的双向离合器M_6和M_7控制。其传动路线表达式为

$$\text{快速移动电动机}-\frac{18}{24}-\text{XXII}-\frac{13}{29}-\text{XXIII}-\begin{Bmatrix}M_6\cdots\cdots\text{纵向}\\M_7\cdots\cdots\text{横向}\end{Bmatrix}$$

四、思考与练习

1. 什么是切削运动？
2. 什么是切削用量？

模块2　零件车削加工

一、教学目标

最终目标：熟悉车削加工方法。

促成目标：

1）掌握车床的加工范围。

2）掌握车削加工的工艺特点。

3）掌握车端面、车台阶轴、切断、车外沟槽、车螺纹的加工方法。

二、案例分析

根据图1-1所示GH1640—30214A传动轴图样的技术要求，采用卧式车床加工。

（1）粗加工　粗加工主要包括车两端面、钻两端中心孔、粗车两端外圆和切槽。主要目的是加工定位基准（即两端中心孔）；加工多余的切削余量，为精加工作准备。

（2）精加工　精加工主要是使加工后的表面质量达到图样要求。对于GH1640—30214A传动轴，有五处标注了位置公差，其中四处在外圆上，一处在台阶面上，基准均为两端的A2.5中心孔的中心线；五处圆跳动要求分布在最大外圆$\phi30\text{mm}$的两侧。可用自定心卡盘装夹工件，其定位公差在0.10mm左右。一端夹持一端用顶尖，是达不到图样要求的，因此可选择用两顶尖装夹的方法来实现，其位置公差能达到0.10mm以内。

三、相关知识

（一）零件车削加工简介

1. 车削加工在机械加工中的地位和作用

车削加工是指在车床上应用刀具与工件作相对切削运动，用以改变毛坯的尺寸和形状等，使之成为零件的加工过程。车削加工在切削加工中是最常用的一种加工方法，且车床占机床总数的一半左右，故车削加工在机械加工中具有重要的地位和作用。

2. 车床的加工范围

在车床上所使用的刀具主要是车刀，还有钻头、铰刀、丝锥和滚花刀等。车床主要用来

加工内、外圆柱面，内、外圆锥面，内、外沟槽，端面，内、外螺纹，内、外成形表面，钻孔，扩孔，铰孔，镗孔，攻螺纹，套螺纹，滚花等，如图2-10所示。

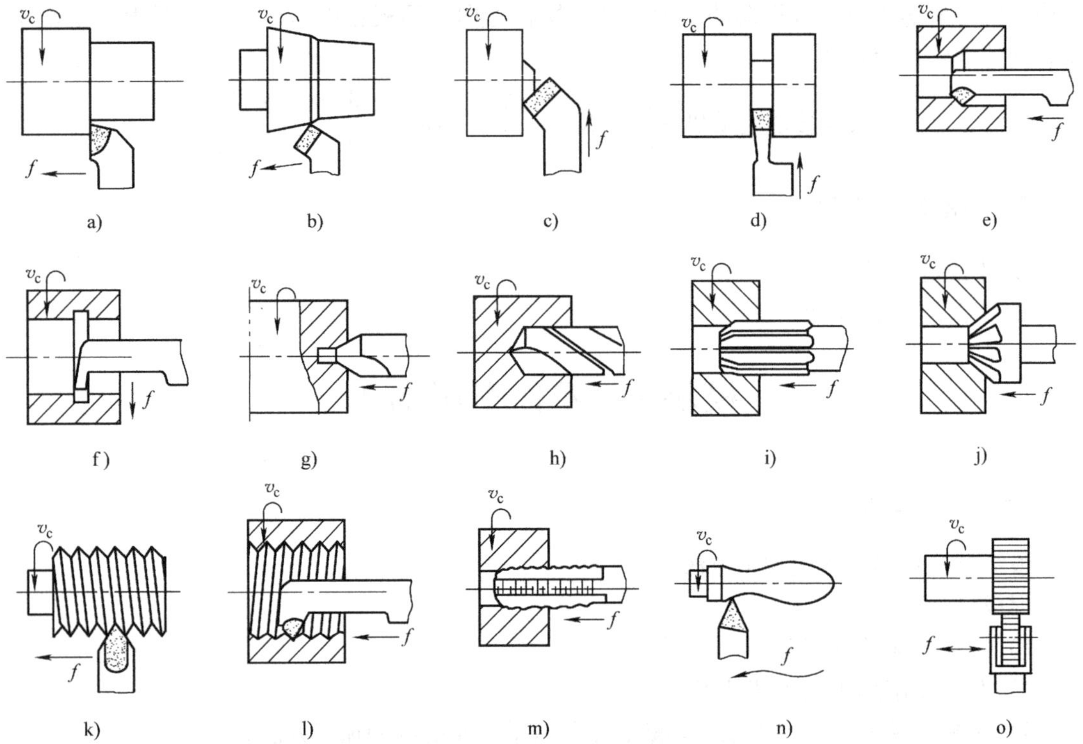

图2-10　车床加工范围

a）车外圆　b）车圆锥面　c）车断面　d）切槽、切断　e）镗孔　f）切内槽　g）钻中心孔　h）钻孔　i）铰孔　j）锪锥孔　k）车外螺纹　l）车内螺纹　m）攻螺纹　n）车成形面　o）滚花

3. 车床的加工精度及表面粗糙度

车削加工的尺寸精度与表面粗糙度 *Ra*（轮廓算术平均偏差）数值的范围较宽。根据毛坯的类型、制造精度以及轴的最终精度要求的不同，可采用粗车、半精车、精车和精细车等不同的加工方法。

对于中小型铸铁件和锻件，可直接进行粗车。粗车后工件的公差等级可达到IT11～IT12，表面粗糙度 *Ra* 值可达到12.5～50μm。粗车可以切除毛坯的大部分余量。

对于经过粗加工的工件，采用半精车公差等级可以达到IT9～IT10，表面粗糙度 *Ra* 值可达到3.2～6.3μm。对于中等精度的工件表面，半精车可以作为最终加工工序，也可以作为磨削或精加工的预加工工序。

精车可以作为最终加工工序或光整加工工序的预加工工序。精车后工件表面的公差等级可以达到IT7～IT8，表面粗糙度 *Ra* 值可以达到0.8～1.6μm。对于精度较高的毛坯（如圆棒料等），可以不经过粗加工工序而直接进行精车。

精细车是采用精度及刚度都很好的车床和耐磨性很好的刀具对工件表面进行最终加工，工件的公差等级可以达到IT5～IT6，表面粗糙度 *Ra* 值可以达到0.2～0.4μm；在加工大型精密外圆表面时可以替代磨削，特别是高速车削非铁金属时，可取得更好的效果。

常用车削精度与相应表面粗糙度见表2-5。

表 2-5　常用车削精度与相应表面粗糙度

加工类别	加工精度(公差等级)	表面粗糙度值 $Ra/\mu m$	标注代号	表面特征
粗车	IT12	50	Ra 50	可见明显刀痕
	IT11	12.5	Ra 12.5	可见刀痕
半精车	IT10	6.3	Ra 6.3	可见加工痕迹
	IT9	3.2	Ra 3.2	微见加工痕迹
精车	IT8	1.6	Ra 1.6	不见加工痕迹
	IT7	0.8	Ra 0.8	可辨加工痕迹方向
精细车	IT6	0.4	Ra 0.4	微辨加工痕迹方向
	IT5	0.2	Ra 0.2	不辨加工痕迹

4. 车削加工的工艺特点

(1) 易于保证各加工面的位置精度　车削时，工件绕某一固定轴回转，各表面具有同一的回转轴线。因此，各加工表面的位置精度容易控制和保证。

(2) 切削过程比较平稳　一般情况下，车削过程是连续进行的，不像铣削和刨削，在一次进给过程中刀齿有多次切入和切出，产生冲击；并且当刀具的几何形状以及 a_p 和 f 一定时，切削层的截面尺寸稳定不变，切削面积基本不变，故切削过程比铣削、刨削稳定。又由于车削的主运动为回转运动，避免了惯性力和冲击的影响，所以车削允许采用较大的切削用量，可以进行高速切削或强力切削，有利于生产率的提高。

(3) 刀具简单　车刀是机床刀具中较简单的一种，制造、刃磨和安装都比较方便。

(二) 车削加工的基本方法

1. 车削外圆

根据工件表面的加工精度和表面粗糙度的要求，车外圆一般分粗车和精车两个步骤。由于它们的要求不一样，因此，车刀分外圆粗车刀和外圆精车刀两种。

(1) 粗车　粗车的目的是要尽快地切去大部分余量，为精加工留 0.5 ~ 1mm 余量。常用的外圆粗车刀有主偏角为 45°、75°和 90°等几种，如图 2-11 所示。

(2) 精车　精车的目的是切去余下的少量金属层，以获得图样要求的精度和表面粗糙度。精车时，应采用有圆弧过渡刃的精车刀。车刀的前、后面须用油石打光。精车时，背吃刀量 a_p 和进给量 f 较小，以减小残留面积，使 Ra 值减小。切削用量一般为：$a_p=0.1 \sim 0.2mm$，$f=0.05 \sim 0.2mm/r$，$v_c \geq 60m/min$。精车的尺寸公差等级一般为 IT6 ~ IT8，半精车时一般为 IT9 ~ IT10；精车的表面粗糙度 Ra 值为 0.8 ~ 3.2μm，半精车的表面粗糙度 Ra 值为 3.2 ~ 6.3μm。

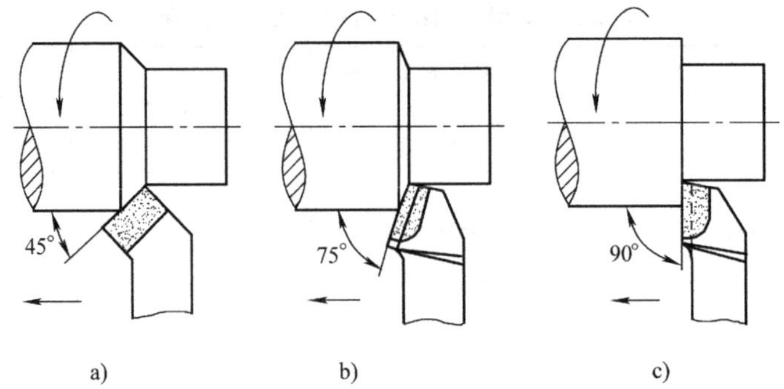

图 2-11　常用的外圆车刀

a）45°车刀　b）75°车刀　c）90°车刀

（3）车外圆的操作步骤

1）检查毛坯的直径，根据加工余量确定进给次数和背吃刀量。

2）划线痕，确定车削长度。先在工件上用粉笔涂色，然后用内卡钳在金属直尺上量取尺寸，并在工件上划出加工线。

3）车外圆要准确地控制背吃刀量，这样才能保证外圆的尺寸公差。通常采用试切削的方法来控制背吃刀量，试切削的操作步骤如图 2-12 所示。

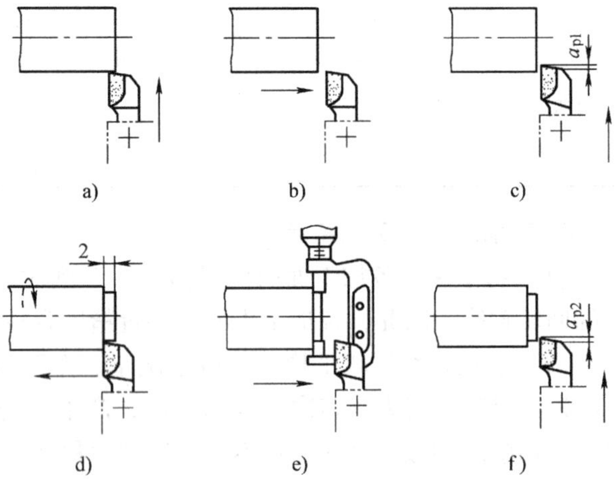

图 2-12　试切的步骤

①起动车床，移动床鞍与中滑板，使车刀刀尖与工件表面轻微接触（图 2-12a），并记下中滑板的刻度。

②中滑板手柄不动，移动床鞍，退出车刀，与工件端面相距 2 ~ 5mm（图 2-12b）。

③按选定的背吃刀量摇动中滑板手柄，根据中滑板刻度做横向进给（图 2-12c）。

④移动床鞍，试切长度约 2 ~ 3mm（图 2-12d）。

⑤中滑板手柄不动，向右退出车刀，停机，测量工件尺寸（图 2-12e）。

⑥根据测量结果调整背吃刀量（图 2-12f）。

如切削后尺寸正确，即可手动或自动进给车削；如尺寸不符合要求，则应根据中滑板刻度继续调整背吃刀量，再进给车削。

2. 车端面

车端面的方法如图 2-13 所示。

（1）车端面时的注意事项

1）车刀的刀尖应对准工件中心，以免车出的端面中心留有凸台。

2）端面的直径从外到中心是变化的，切削速度也是变化的，端面的表面粗糙度不易得到保证，因此，工件的转

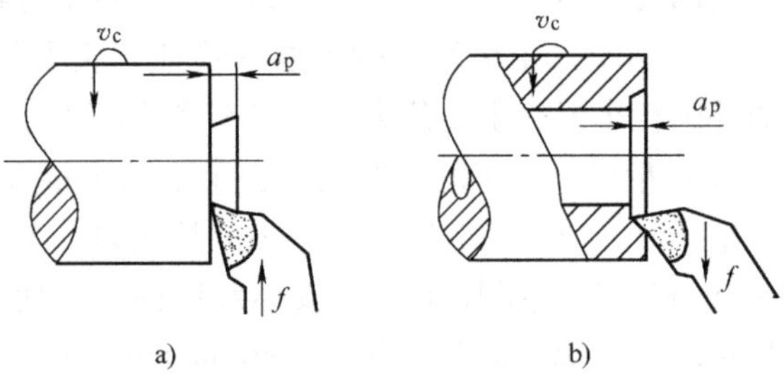

图 2-13　车端面的方法

a）从外到内　b）从内到外

速可比车外圆时选择得高一些。为减小端面的表面粗糙度值，也可由中心向外切削。

3）车削直径较大的端面时，若出现凹心或凸台，应检查车刀和刀架是否紧固，以及床鞍的松紧度。为使车刀准确地横向进给而无纵向松动，应将床鞍紧固在床身上，此时可用小滑板调整背吃刀量。

（2）车削用量的选择

1）背吃刀量 a_p。粗车时，$a_p=2\sim5mm$；精车时，$a_p=0.2\sim1mm$。

2）进给量 f。粗车时，$f=0.3\sim0.7mm/r$；精车时，$f=0.08\sim0.3mm/r$。

3）切削速度 v_c。车端面时，切削速度随刀具横向的切入而变化，选用时应根据工件的最大直径来确定。

（3）车端面的操作步骤

1）移动床鞍和中滑板，使车刀靠近工件端面，然后将床鞍上螺钉扳紧，使床鞍位置固定。

2）测量毛坯长度，确定端面应车去的余量，一般先车的一面尽可能少车，其余余量在另一面车去。车端面前可先倒角，尤其是铸铁表面有一层硬皮，如先倒角，可以防止刀尖损坏。车端面和外圆时，第一刀的背吃刀量一定要超过硬皮层，否则即使已倒角，车削时刀尖还要碰到硬皮层，很快就会磨损。

3）双手摇动中滑板手柄车端面，手动进给速度要保持均匀。当车刀刀尖车到端面中心时，车刀即退回。对于精加工的端面，要防止车刀横向退出时将端面拉毛，可向后移动小滑板，使车刀离开端面后再横向退回。车端面时的背吃刀量 a_p 可由小滑板刻度盘控制。

4）用直尺或刀口形直尺检查端面的直线度。

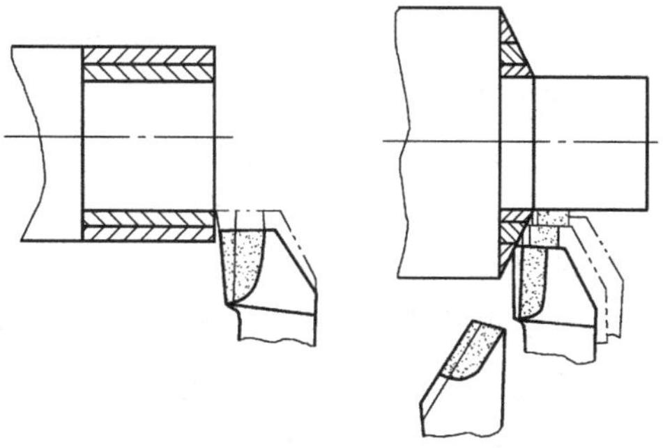

a)　　b)

图 2-14　车台阶

a）车低台阶　b）车高台阶

3. 车台阶轴

（1）车刀的选用　车台阶轴应选用 90°外圆车刀。

（2）台阶外圆的车削方法　低台阶可用 90°外圆车刀直接车出；高台阶则用 75°车刀先粗车，再用 90°车刀将台阶车成直角，如图 2-14 所示。

（3）台阶外圆的车削步骤

1）确定台阶的车削长度。常用的方法有两种：一种是刻线痕法，另一种是床鞍刻度盘控制法。两种方法都存在一定的误差，刻线或床鞍分度值都应比所需长度略短 0.5～1mm，以留有余地。

①刻线痕法（图 2-15a）。以已加工面为基准，用金属直尺量出台阶的长度尺寸；开机，用刀尖刻出线痕。

②床鞍刻度盘控制法（图 2-15b）。移

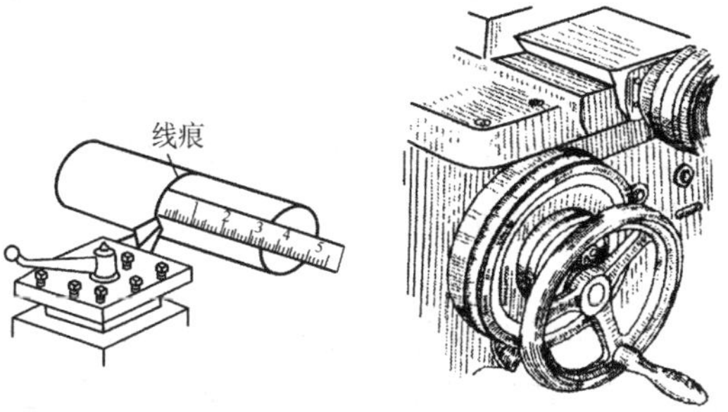

a)　　b)

图 2-15　控制台阶长度

a）刻线痕法　b）床鞍刻度盘控制法

动床鞍和中滑板，使刀尖靠近工件端面；开机，移动小滑板，使刀尖与工件端面相擦，车刀横向快速退出，将床鞍刻度调到零位；车削时，利用分度值来控制台阶的车削长度。如利用分度值先在工件上刻出台阶长度的痕线，操作时车刀靠近线痕再看分度值就方便多了。

2）机动进给粗车台阶外圆。

①开动机床并按粗车要求调整进给量。

②调整背吃刀量进行试切削，具体方法与车外圆时相同。

③移动床鞍，当刀尖靠近工件时合上机动进给手柄，当车刀刀尖距离退刀位置1～2mm时停止机动进给，改为手动进给，车至所需长度时将车刀横向退出，床鞍回到起始位置。然后再作第二次工作行程。台阶的外圆和长度粗车各留精车余量0.5～1mm。

3）精车台阶外圆和端面。

①按精车要求调整切削速度和进给量。

②试切削外圆，调整切削速度，尺寸符合图样要求后合上机动进给手柄，精车台阶外圆至离台阶端面1～2mm时，停止机动进给，改用手动进给继续车外圆。当刀尖切入台阶面时车刀横向慢慢退出，将台阶面车平。

③检测台阶长度。粗车用金属直尺测量，精车用深度游标卡尺测量，如图2-16所示。

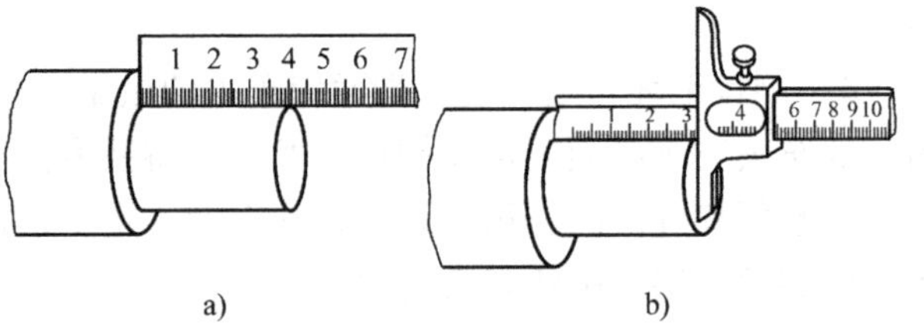

图2-16　测量台阶长度

a）金属直尺测量　b）深度游标卡尺测量

④根据测量结果，用小滑板刻度调整车端面的背吃刀量。

⑤开机，车刀由外向里均匀地精车端面，当刀尖车至外圆与端面相交处时，车刀先横向退出0.5～1mm，然后移动床鞍纵向退出。

⑥在外圆上倒去锐角。

（4）车台阶容易产生的缺陷

1）台阶面不平，主要原因是车刀安装时主偏角小于90°。

2）台阶直角处未清角，主要原因是刀尖圆弧太大或过渡刃太宽，其次是车外圆和台阶面时，未车到根部。

3）台阶直角处车成凹形，当用主偏角为93°的车刀车削时，中滑板未进行由里向外的横向进给。

4. 切断

（1）切断刀的种类及选用　常用的切断刀有高速钢切断刀、硬质合金切断刀、弹性切断刀，如图2-17所示。切断直径较小的工件一般选用高速钢切断刀或弹性切断刀，硬质合金切断刀适用于直径

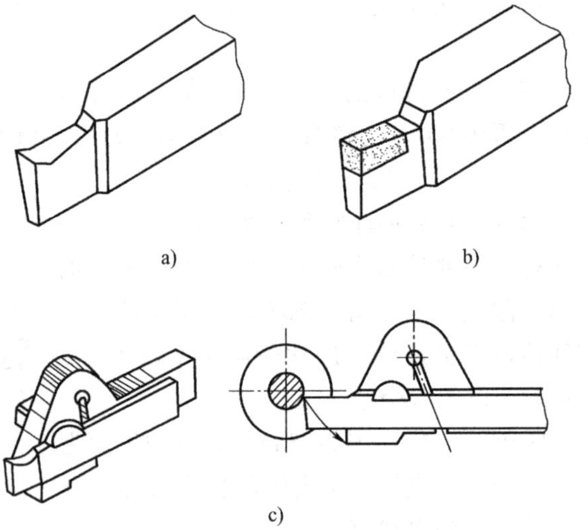

图2-17　切断刀的种类

a）高速钢切断刀　b）硬质合金切断刀　c）弹性切断刀

较大的工件或进行高速切割。

（2）切断刀的装夹方法

1）切断刀的伸出长度。切断刀不易伸出过长，主切削刃要对准工件中心，高或低于中心，都不能切到工件中心。如图 2-18 所示，用硬质合金切断刀时，中心高或低都会使刀片崩裂。

2）装刀时检查两侧副偏角。检查切断刀两侧副偏角的方法有两种：一种是将 90°角尺靠在工件已加工外圆上检查，如图 2-19a 所示；另一种方法是，如外圆为毛坯，则可将副切削刃紧靠已加工端面，刀尖与端面接触，副切削刃与端面间有倾斜间隙，要求间隙最大处约 0.5mm，如图 2-19b 所示。两副偏角基本相等后，可将车刀紧固。

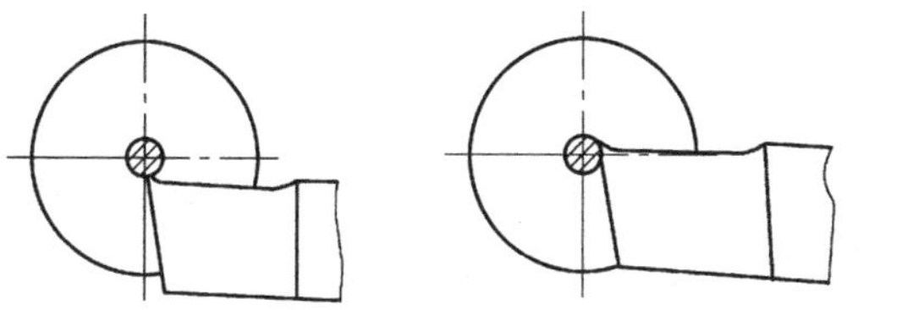

图 2-18　切断刀高或低于工件中心

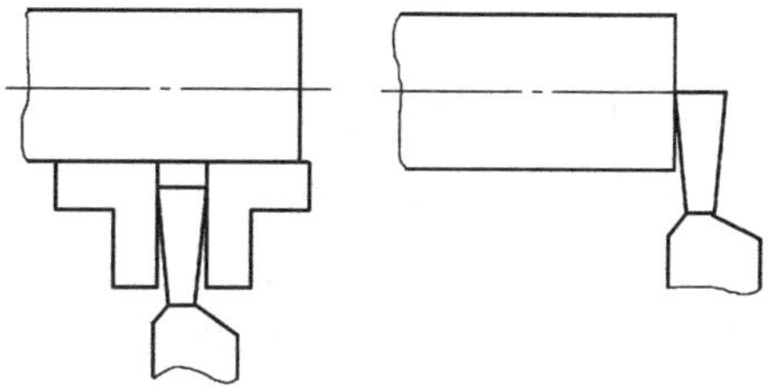

a)　　b)

图 2-19　检查切断刀副偏角

（3）切断的方法　切断的方法有直进法、左右借刀法和反切法，如图 2-20 所示。

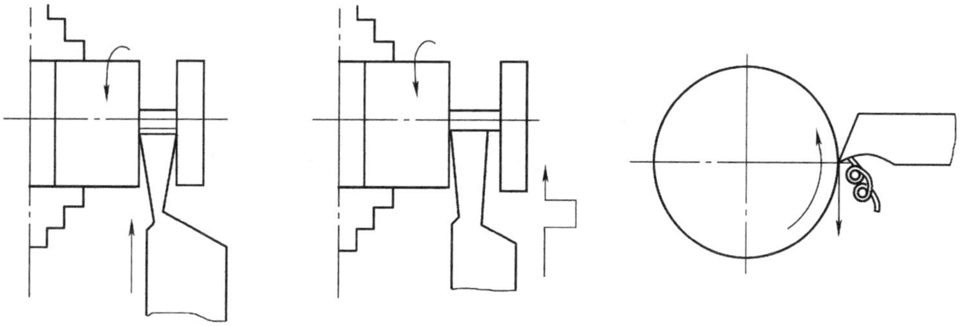

a)　　b)　　c)

图 2-20　切断的方法

a）直进法　b）左右借刀　c）反切法

直进法切断，即车刀横向连续进给，一次将工件切下，如图 2-20a 所示，操作十分简单，工件材料也比较节省，因此应用最广泛。左右借刀法切断，如图 2-20b 所示，车刀横向和纵向须轮番进给，因而费工费料，一般用于机床、工件刚度不足的情况下。反切法切断，即车床主轴反转，车刀反装进行切断，如图 2-20c 所示，这种方法切削比较平稳，排屑也比较顺利，但卡盘必须有保险装置，小滑板转盘上两边的压紧螺母也应锁紧，否则机床容易损坏。

切断前的准备工作：①工件用卡盘装夹，伸出长度要加上切断刀宽度和刀具与卡爪间的间隙（约 5 ~6mm），且工件要用力夹紧。②中、小滑板镶条尽可能调整得紧些。③选择并调整主轴转速，用高速钢切断刀切断铸铁材料时，切削速度约为 15 ~25m/min；切断碳钢材料时，切削速度约为 20 ~ 25m/mim；用硬质合金刀切断时，切削速度约为 45 ~ 60m/mim。④确定切断位置。将金属直尺一端靠在切断刀的对面，移动床鞍，直到金属直尺上要求的长度刻线与工件端面对齐，然后将床鞍固定。

切断时，开动机床，加切削液，移动中滑板，进给的速度要均匀而不间断，直至将工件切下。如工件的直径较大或长度较长，一般不切到中心，约留 2 ~ 3mm，将车刀退出，停机后用手将工件扳断。切断工件时往往会引起振动，振动严重会导致切断刀折断。可采取下列措施减小振动：①机床各部分间隙尽可能小。例如，床鞍、中、小滑板导轨的间隙和机床主轴轴承间隙等尽可能小。②切断刀离卡盘的距离一般应小于被切工件的直径。③适当的加大前角和减小后角。前者使排屑顺利，后者可以增强刀头刚度。④适当加快进给速度或减慢主轴转速。

（4）切断时的注意事项

1）两顶尖或一夹一顶装夹都不可将工件全部切断。

2）切断时，应连续、均匀地进给，如发现车刀产生切不进现象，应立即退出，检查车刀刀尖是否对准工件中心，以及是否锐利，不可强制进给，以防车刀折断。

3）发现切断表面凹凸不平或有明显扎刀痕迹时，应检查切断刀的刃磨和装夹是否正确，并查出原因，纠正后再继续车削，否则容易造成切断刀刀头折断。

5. 车外沟槽

常见的外沟槽如图 2-21 所示。

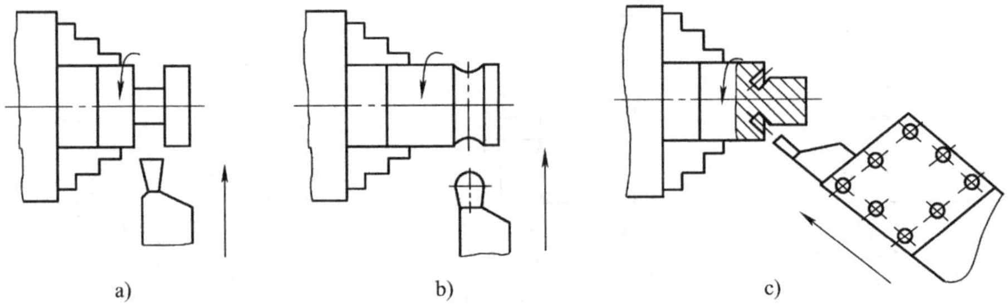

图 2-21　常见的外沟槽

a）矩形外沟槽　b）半圆形外沟槽　c）45°外沟槽

车槽刀与切断刀的几何角度基本相同，但主切削刃宽度和刀头长度是根据所车沟槽的尺寸和要求刃磨的。

（1）车外沟槽的准备工作

1）装夹车槽刀。要求主切削刃与工件外圆素线保持平行，否则会使槽底部不平。装刀时，将主切削刃与工件外圆素线密合，如图 2-22b 所示，先用手拧紧刀架螺钉，将车刀大致固定，然后车刀横向退出后再将车刀紧固。

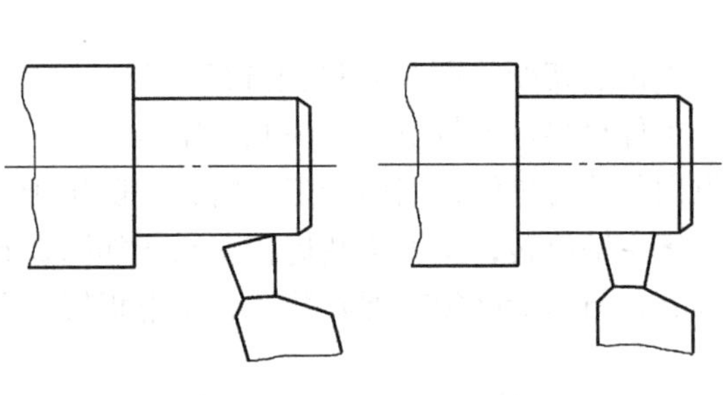

图 2-22　装夹车槽刀

a）主切削刃与工件外圆素线不平行

b）主切削刃与工件外圆素线保持平行

2）车槽前的外圆和长度。工件的外圆和长度应按图样车至尺寸。

3）调整主轴转速。车槽时的切削速度

应略低于切断时的切削速度。车槽加切削液能延长车刀的使用寿命，并能使沟槽表面光洁。

（2）矩形沟槽的车削方法

1）开机，移动床鞍和中滑板，使车刀靠近沟槽位置。

2）左手摇动中滑板手柄，使车刀主切削刃靠近工件外圆，右手摇动小滑板手柄，使刀尖与台阶面轻微接触。车刀横向进给，当主切削刃与工件外圆接触后，记下中滑板刻度或将刻度调至零位。

3）摇动中滑板手柄，手动进给车外沟槽，当刻度进到槽深尺度时，停止进给，退出车刀。

4）精度要求低的沟槽，可用金属直尺和卡钳测量。精度要求高的沟槽，通常用千分尺、样板、游标卡尺测量。

6. 车特形面

有些机器零件，如手柄、手轮、圆球、凸轮等，它们不像圆柱面、圆锥面那样母线是一条直线，而是一条曲线，这样的零件表面叫做特形面。在车床上加工特形面的方法有双手控制法、用成形刀车成形面和用靠模车成形面等。

（1）双手控制法 即左手摇动中刀架手柄，右手摇动小刀架手柄，两手配合，使刀尖所走过的轨迹与所需的特形面的曲线相同。在操作时，左、右摇动手柄要熟练，配合要协调，最好先做个样板，对照它来进行车削，如图 2-23 所示。当车好以后，如果表面粗糙度达不到要求，可用砂布或锉刀进行抛光。双手控制法的优点是不需要其他附加设备，缺点是不容易将工件车得很光整，需要较高的操作技术，生产率也很低。

（2）用成形刀车成形面 如图 2-24 所示，要求切削刃形状与工件表面吻合，装刀时，刃口要与工件轴线等高。由于车刀和工件接触面积大，容易引起振动，因此需要采用小切削量，只作横向进给，且要有良好润滑条件。此法操作方便，生产率高，且能获得精确的表面形状。但由于受工件表面形状和尺寸的限制，且刀具制造、刃磨较困难，因此只在成批生产较短成形面的零件时采用。

图 2-23 用圆头刀车削成形面

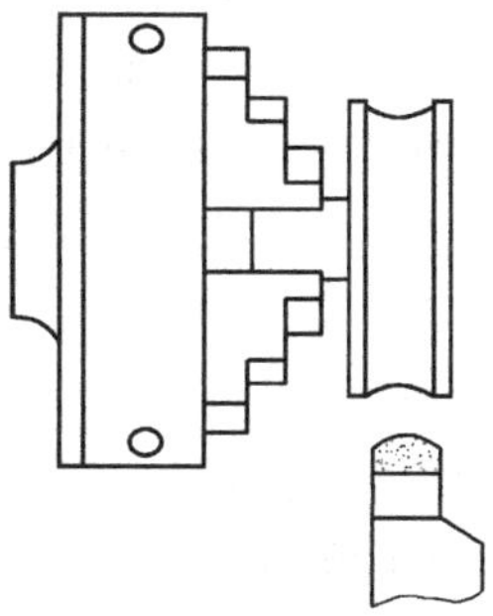

图 2-24 用成形车刀车成形面

（3）用靠模车成形面 如图 2-25 所示，车削成形面的原理和靠模车削圆锥面相同。加工时，只要把滑板换成滚柱，把锥度靠模板换成带有所需曲线的靠模板即可。此法加工的工件尺寸不受限制，可采用机动进给，生产效率高，加工精度高，广泛用于批量生产中。

7. 车螺纹

螺纹的加工方法很多种，在专业生产中，广泛采用滚丝、轧丝及搓丝等一系列先进工艺，但在一般机械厂，尤其在机修工作中，通常采用车削方法加工。现介绍三角形螺纹的车削。

（1）螺纹车刀主要几何角度　车普通三角形螺纹时，刀尖角应等于60°，车刀的两侧后角不相等，即进刀方向后角应比另一侧后角大2°左右，径向前角约为10°～15°。硬质合金三角形螺纹车刀的几何角度如图2-26所示。

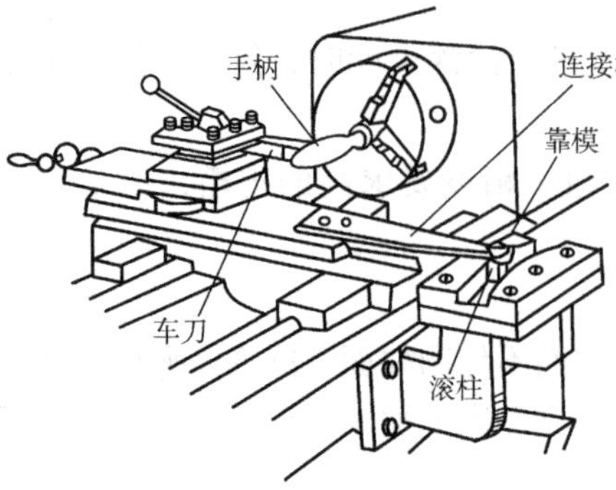

图2-25　用靠模车成形面

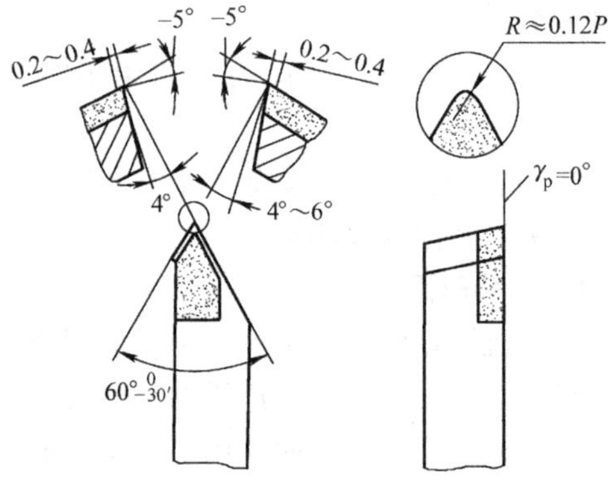

图2-26　硬质合金三角形螺纹车刀

（2）螺纹车刀的装夹　螺纹车刀的刀尖高度应对准工件的中心。螺纹车刀如装得过高，车削时的切削力增大，工件表面粗糙度值增大；装得过低，车削时容易产生“扎刀”和引起振动。而且，偏高或偏低都会产生牙型角误差。刀尖角60°的中心线应垂直于工件轴线，否则会使车出的螺纹牙型歪斜。装刀时，将刀尖高度对准工件中心，然后用样板在已加工外圆或平面上靠平，将螺纹车刀两侧切削刃与样板的角度槽对齐做透光检查，如图2-27所示。如车刀歪斜，要轻轻用铜棒敲刀柄，使车刀位置对准样板角度。符合要求后将车刀紧固。一般还须再重复检查一次，因为紧固车刀时，有时会使车刀产生很小的位移。

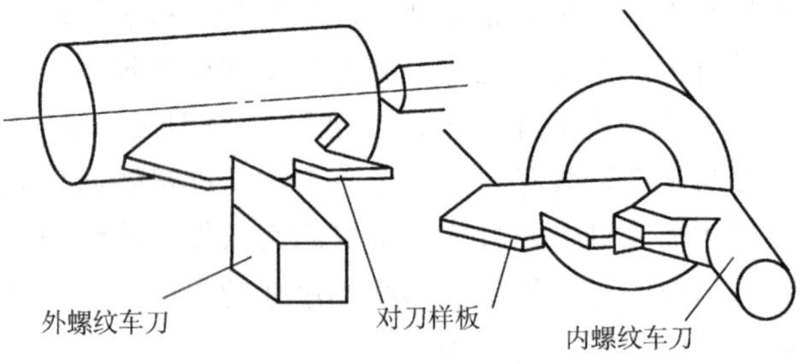

图2-27　三角形螺纹车刀对刀方法

（3）车螺纹的准备工作

1）车外圆及做车螺纹的退刀标记。练习车螺纹前要先将工件外圆车圆，并用螺纹车刀刀尖在螺纹长度的终止位置上刻出线痕，作为车螺纹时的退刀标记。

2）调整进给箱手柄位置。按螺距 P 查阅进给箱铭牌，调整手柄位置。

3）调整主轴转速。车螺纹时的主轴转速范围为200～300r/min。开始车削时，转速应低些，以后再逐步提高。

4）调整中、小滑板间隙。间隙应适当，要求手柄摇动自如，基本无间隙。

（4）车螺纹的操作方法　车螺纹有两种基本的操作方法，一种是用开合螺母车螺纹，另一种是用倒顺车车螺纹，两种方法都要熟练掌握。用开合螺母车螺纹时，要求工件的螺距与车床丝杠的螺距成整数比，当不成整数比时，一定要用倒顺车的方法车削，否则会使螺纹产生乱牙而报废。

1）用开合螺母车螺纹的操作方法。

①开动机床，使刀尖与工件外圆相擦，作为车螺纹的起始位置，将中滑板刻度调零位。摇动床鞍手柄使刀尖离轴端约5～10mm。中滑板模拟进给后，左手仍握在手柄上做好退刀准备，右手将开合螺母手柄向下压，如图2-28a所示，当开合螺母一经闭合，床鞍就迅速向前移动，此时右手仍握在手柄上，做好脱开准备。当刀尖进入退刀位置时，左手迅速摇动中滑板手柄，使车刀退出，同时右手立即将开合螺母手柄提起，使床鞍停止移动。

②摇动床鞍手柄，使其复位，然后再进行重复练习，直至熟练。

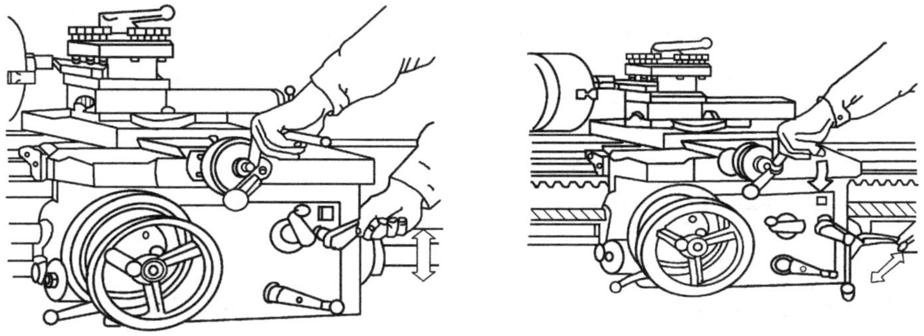

a)　b)

图2-28　车螺纹的操作方法

a）用开合螺母车螺纹进刀动作　b）用倒顺车车螺纹进刀动作

2）用倒顺车车螺纹的操作方法。用倒顺车车螺纹时，车削前应检查卡盘与主轴间的保险装置是否完好，以防反转时卡盘脱落。开合螺母操纵手柄上最好吊上重锤块，以使开合螺母与丝杠的配合间隙保持一致。具体操作方法如下：

①开动机床，一手提起操纵杆，另一手握中滑板手柄，如图2-28b所示，当刀尖离轴端约3～5mm处，将操纵杆放在中间位置，使主轴停止转动。

②用中滑板刻度控制背吃刀量，因练习的需要，背吃刀量可小些，每次约取0.05mm。

③将操纵杆向上提起，车床主轴正转，此时车刀刀尖切入外圆，并迅速向前移动，在外圆上切出浅浅的一条螺旋槽。当刀离退刀位置约2～3mm时，要做好退刀准备，操纵杆开始向下推，此时主轴由于惯性作用仍在做顺向转动，但车速逐渐下降；当刀尖进入退刀位置时，要快速摇动中滑板手柄将车刀退出。当刀尖离开工件时，将操纵杆迅速向下推，使主轴反转，床鞍后退至车刀离工件轴端约3～5mm时，将操纵杆放在中间位置，使主轴停止转动。进、退刀动作要反复练习才能达到基本熟练。

进、退刀动作过程可归纳为进刀（中滑板刻度控制背吃刀量）→操纵杆向上，主轴正转，纵向进给车螺纹→车刀横向退刀→操纵杆向下，主轴反转，床鞍复位→操纵杆放中间，主轴停止转动。

模拟车螺纹时，注意在做进、退刀动作时应全神贯注，眼看刀尖，动作敏捷，在刹那间先退刀后脱开开合螺母（或进行倒车）。

（5）用直进法车螺纹

1）确定车螺纹背吃刀量的起始位置。开动机床，移动床鞍及中滑板使刀尖与螺纹外圆接触，床鞍向外退出，将中滑板刻度调整至零位。

2）检查螺距的方法。

①用金属直尺或游标卡尺检查。一般先在外圆上用螺纹车刀刀尖车出一条很浅的螺旋线，用金属直尺或游标卡尺检查螺距，如图2-29a所示。为了减少误差，测量时应多量几牙，并应凑成整数。例如，螺距为1.5mm，可测量10牙，即为15mm；或8牙，为12mm。

②用螺距规检查。检查时，把标明螺距的螺距规沿平行轴线方向嵌入牙型中，如图2-29b所示，如完全符合，则说明被测的螺距正确。螺距如不符合要求，应检查交换齿轮齿数与安装位置是否正确，同时还应仔细检查进给箱手柄位置是否正确。

3）控制螺纹背吃刀量的方法。利用中滑板刻度，根据螺纹的总背吃刀量，合理分配每刀切削量。即第一刀的背吃刀量约为1/4牙型高，以后逐步递减，如图2-30所示。

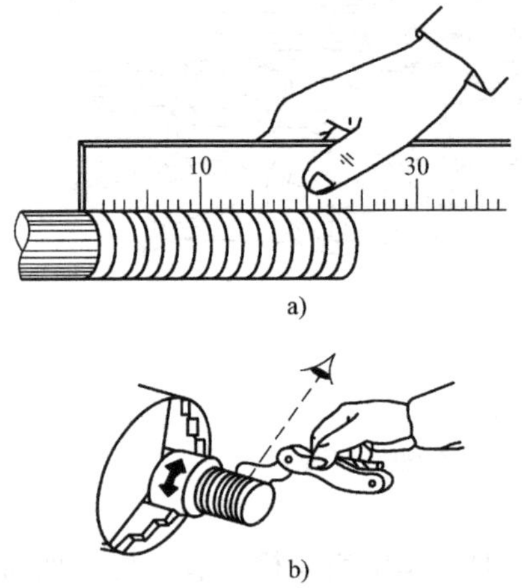

图2-29　检查螺距的方法

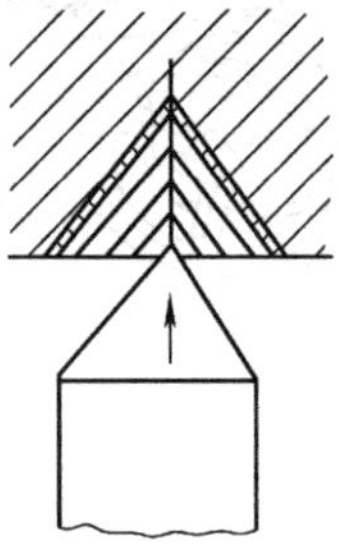

图2-30　直进法车螺纹

4）牙型的检查及收尾要求。

①牙型歪斜及纠正方法。当粗车螺纹初步成形后，应作牙型检查。在灯光的配合下目测牙型，如牙型歪斜，如图2-31a所示，是车刀未装正造成的。纠正的方法是，用螺纹样板将车刀的两半角重新调整至相等位置后，才能继续车削，如图2-31b所示。

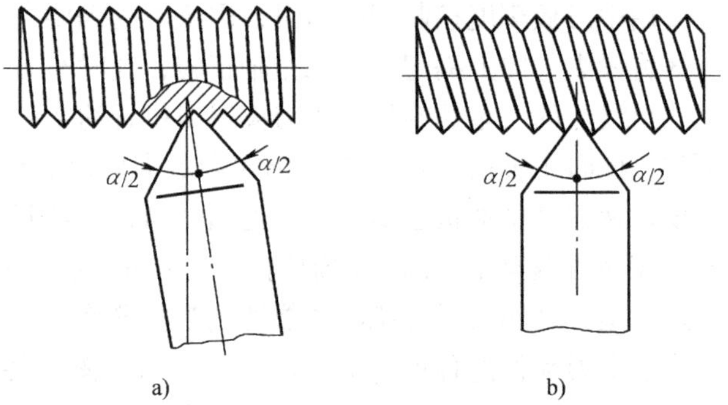

图2-31　牙型检查
a）歪斜　b）正确

②收尾要求。收尾痕迹应清晰，尾部长度应控制在2/3周范围内。

5）车削过程中对刀。车螺纹过程中，若刀具磨损或损坏，需拆下修磨或换刀。重新装刀时，往往刀尖位置不在原来的螺旋槽中，如继续车削就会乱牙，这时需将刀尖调整到原来的螺旋槽中才能继续车削，这一过程称为对刀。对刀的方法可分静态对刀法和动态对刀法两种。

①静态对刀法。主轴慢速正转，闭合开合螺母，当刀尖近螺旋槽时停机（注意：主轴不可反转）。移动中、小滑板，将螺纹车刀刀尖移至螺旋槽的中间，然后记取中滑板分度值

后退出。

②动态对刀法。静态对刀法凭目测对刀，有一定误差，适用于粗对刀。精对刀一般采用动态对刀法，即对刀时车刀在运动。动态对刀的操作方法如下：

a）主轴慢速正转，闭合开合螺母。

b）移动中、小滑板，将螺纹车刀刀尖对准螺纹槽中间或根据车削需要，将其中一侧切削刃与需要切削的螺纹斜面轻轻接触，有极微量切屑时，即记取中滑板分度值后，退出车刀。

动态对刀时，要眼明手快、动作敏捷而准确，在一至二次行程中使车刀对准。

（6）斜进法和左右切削法车螺纹　对于螺距较大的螺纹（一般情况下 $P>3$mm），粗车采用斜进法，精车采用左右切削法。

1）斜进法车螺纹。控制背吃刀量有两种方法，如图 2-32 所示。

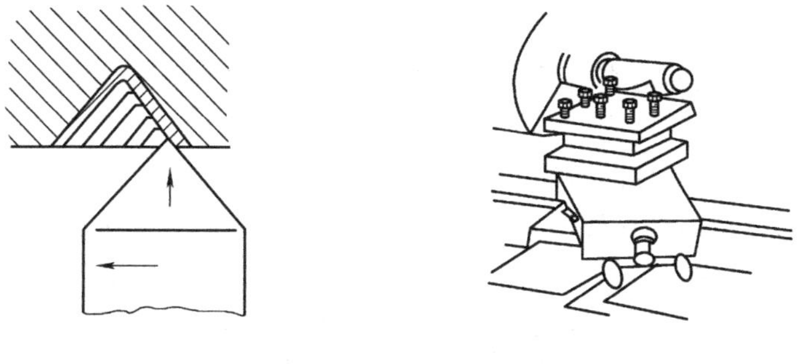

a)　　b)

图 2-32　斜进法车螺纹

a）用中、小滑板交替进给的斜进法　b）用小滑板转动角度斜进法

①用中、小滑板交替进给的斜进法。开始一至二刀用直进法车削，以后采用中、小滑板交替进给，如图 2-32a 所示，小滑板的切削量约为中滑板的 1/3。粗车螺纹约留 0.2mm 作精车余量。

②用小滑板转动角度斜进法，如图 2-32b 所示。

a）转动小滑板等于 1/2 牙型角，并锁紧。

b）转动刀架，使螺纹车刀仍保持与工件轴线垂直。

c）切削方法是：当刀尖与外圆接触后，将中滑板刻度调至零位，以后车削时，中滑板每次进至刻度的零位，用小滑板进给控制粗车螺纹的背吃刀量。

2）左、右切削法车螺纹（图 2-33）。

①先将螺纹车刀对准螺旋槽，当刀尖与牙底接触后记下中滑板刻度。以后每刀车削时，除了用中滑板进给外，同时小滑板做微量进给，并加注切削液以使螺纹表面粗糙度值减小；当一侧面车光后再用同样的方法精车另一面。注意：车刀左、右移动量不能过大，每次约 0.05mm；为避免牙底扩大，中滑板应适量进给。

②用螺纹环规检查螺纹精度。环规有通端和止端，通端应旋到底，止端不可旋进，如旋进就表明螺纹中径尺寸已车小。

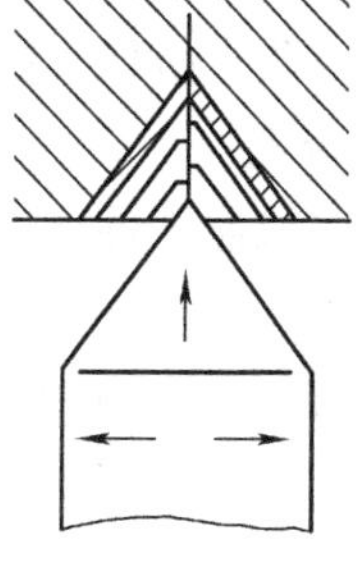

图 2-33　左、右切削法车螺纹

③牙尖用细平锉锉去毛刺，螺纹不完全牙的锐边用车刀切除。

（7）在车床上用板牙套螺纹　板牙是标准多刃螺纹加工刀具，有圆板牙、方板牙和六角板牙三种。圆板牙分机用和手用两种，一般用于切削直径较小的螺纹。切削效果以直径为8～12mm时最佳。在车床上用板牙套螺纹，操作方便，生产效率高，质量稳定，适用于单件和批量生产。

1）车螺纹外圆。外圆直径可按下列经验公式计算

$$d_{外}=d-(0.1\sim0.15)P \tag{2-24}$$

式中　$d_{外}$——套螺纹时的外圆直径（mm）；

d——外螺纹大径（mm）；

P——螺距（mm）。

加工塑性材料时取大值，加工脆性材料时取小值，然后确定长度及车沟槽。

2）选择和装夹板牙。

①板牙的选择。使用前应查看板牙端面所标的规格是否与图样相符，并检查齿部是否缺损，不完好的板牙一般不宜使用。

②装夹套螺纹工具和板牙的方法。

a）装夹套螺纹工具时，应擦净套螺纹工具的锥柄和尾座套筒锥孔，用较大的推力将套螺纹工具插入尾座套筒内。

b）装夹板牙时，擦净板牙并将其放进工具体台阶孔内，注意正面应朝外，反面孔底靠平，并将板牙外圆上的定位浅孔对准套上的锁紧螺钉孔，然后旋紧螺钉，将板牙紧固。

③找正尾座的中心位置。参照尾座刻度零线进行找正。

④调整主轴转速。切削速度 v_c 应小于5m/min。

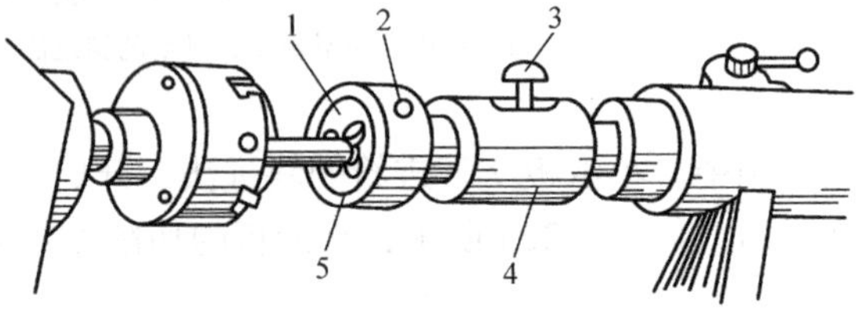

图2-34　套螺纹工具和套螺纹

1—板牙　2—锁紧螺钉　3—防转螺钉　4—套螺纹工具的锥柄　5—浮动套孔

3）套螺纹的操作步骤和动作要领。套螺纹时，一手握浮动套，另一手摇动尾座套筒手轮，使板牙轻轻套在工件外圆上，如图2-34所示；然后开动机床，摇动尾座手轮，使板牙在轴向力的作用下切入外圆。套螺纹时，应加注充分的切削液，以减小螺纹表面粗糙度值。当板牙进入至工件螺纹终止端面约2～3mm时，将操纵杆放至中间，但主轴在惯性作用下仍做慢速转动；当板牙与工件螺纹终止端面即将接触时，迅速倒车使板牙退出，然后用锉刀修去螺纹牙尖处的毛刺。注意应经常清除板牙及浮动套孔内的切屑，以防止挤伤、拉毛螺纹表面。

8. 滚花

有些机器零件或工具，为了便于握持和外形美观，往往在工件表面上滚出各种不同的花纹，这种工艺叫滚花。这些花纹一般是在车床上用滚花刀滚压而成的，如图2-35所示。花纹有直纹和网纹两种，滚花刀相应也有直纹滚花刀和网纹滚花刀两种。

滚花时，先将工件直径车到比需要的尺寸略小0.5mm左右，表面粗糙度较粗。车床转速要低一些（一般为200～300r/min）。然后将滚花刀装在刀架上，使滚花刀轮的表面与工件表面平行接触，滚花刀对着工件轴线。开动车床，使工件转动。当滚花刀刚接触工件时，

要用较大较猛的压力，使工件表面刻出较深的花纹，否则会把花纹滚乱。这样来回滚压几次，直到花纹凸出为止。在滚花过程中，应经常清除滚花刀上的铁屑，以保证滚花质量。此外，由于滚花时压力大，工件和滚花刀必须装夹牢固，工件不可以伸出太长；如果工件太长，要用后顶尖顶紧。

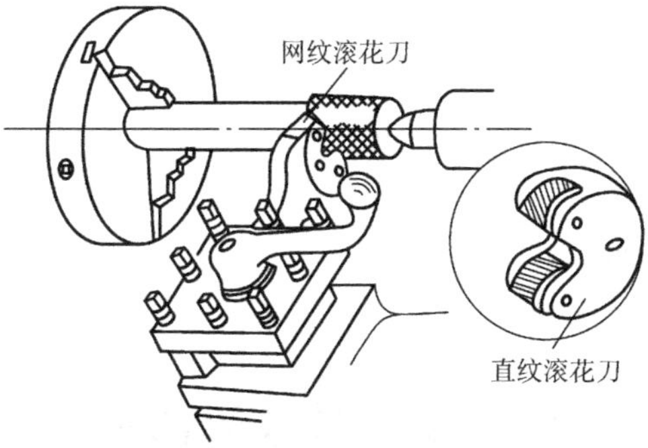

图 2-35　在车床上滚花

四、思考与练习

1. 车削加工的工艺特点是什么？
2. 简述车螺纹的基本操作方法。

项目三　传动轴零件主要工装的选择

【教学目标】

最终目标：会选用车刀与车床通用夹具。

促成目标：

1）掌握常用车刀的选用。

2）掌握车床通用夹具的选用。

模块1　车刀的选择

一、教学目标

最终目标：会选用车刀。

促成目标：

1）熟悉金属切削过程。

2）熟悉金属切削刀具的材料与切削部分的几何形状。

3）熟悉刀具的磨损与刀具的使用寿命。

4）掌握常用车刀的种类、材料。

5）掌握常用车刀的刃磨与安装。

二、案例分析

根据图1-1所示GH1640—30214A传动轴图样的技术要求，在卧式车床上直接加工零件，采用通用刀具，主要用45°端面车刀，90°外圆车刀，2mm宽的切槽刀，60°螺纹车刀，ϕ2.5mm中心钻，YT15—313刀片或焊接刀等。

三、相关知识

（一）金属切削过程

金属切削过程是指将工件上多余的金属层，通过切削加工被刀具切除而形成切屑并获得几何形状、尺寸精度和表面粗糙度都符合要求的零件的过程。在这一过程中，始终存在着刀具切削工件和工件材料抵抗切削的矛盾，从而产生一系列现象，如切削变形、切削力、切削热与切削温度等。对这些现象进行研究，揭示其内在的机理，探索和掌握金属切削过程的基本规律，从而主动地加以有效的控制，对保证加工精度和表面质量，提高切削效率，降低生产成本和劳动强度具有十分重大的意义。总之，金属切削过程的优劣，直接影响机械加工的质量、生产率与生产成本。因此，必须进行深入的研究。

1. 金属切削层的变形过程

（1）切屑的形成过程　塑性金属材料受到刀具的挤压会发生弹性变形和塑性变形。如

图 3-1 所示，金属材料在 *OA* 线以左发生弹性变形，在 *OA* 线上材料的切应力达到屈服强度 R_e，开始发生塑性变形，并产生滑移现象（*OA* 线叫做始滑移线）。随着刀具的连续移动，原来处于滑移线上的金属不断向刀具靠拢，应力和变形也逐渐加大；达到 *OM* 线时，应力和变形达到材料的断裂强度，材料挤裂；越过 *OM* 线的切削层金属将沿前刀面流出，形成切屑，完成切离阶段。*OM* 线叫做终滑移线，*OA* 线与 *OM* 线之间是切削层的塑性变形区。

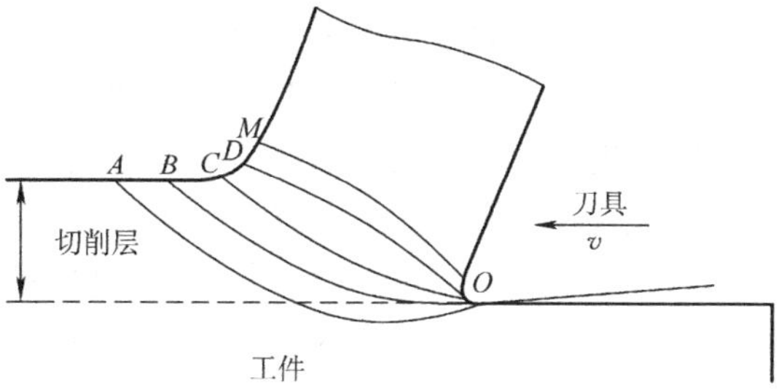

图 3-1　切屑形成过程示意图

（2）变形区的划分　切削层金属形成切屑的过程就是在刀具的作用下发生变形的过程。被切削金属的质点在切削过程中的变形，可大致分为三个区域，如图 3-2 所示。

1）第一变形区。从 *OA* 线开始变形到 *OM* 线，晶粒的剪切滑移基本完成，这一区域称为第Ⅰ变形区。其变形特征是刀具前刀面挤压切削层金属，切削层金属产生剪切滑移，被切削刃切离母体。

2）第二变形区。切屑沿前刀面流出时，进一步受到前刀面的挤压和摩擦，切屑底层的金属在前刀面上产生粘结而滞留，且切屑底层的金属与上层金属之间产生二次滑移变形，该区域称为第Ⅱ变形区。其变形特征是刀具前刀面与切屑挤压、摩擦，由于机械作用将前刀面上的油膜和氧化膜磨掉，由于冶金作用将前刀面上的峰磨去、谷填平，形成新的面接触；切屑与前刀面在高温高压下产生粘结，产生滞留。

3）第三变形区。已加工表面受到切削刃钝圆部分和后刀面的挤压、摩擦与回弹，造成纤维化与加工硬化，该区域称为第Ⅲ变形区。

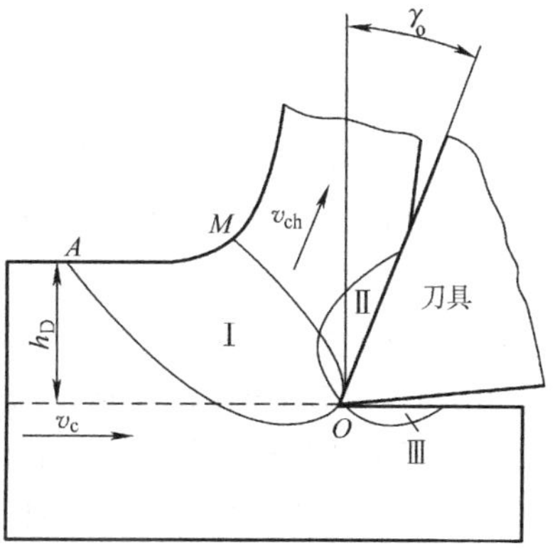

图 3-2　切削变形区的划分

（3）切屑的类型　在切削过程中，由于工件材料、刀具参数、切削用量等的不同，切削层金属被切下后，将形成四种不同类型的切屑，如图 3-3 所示。

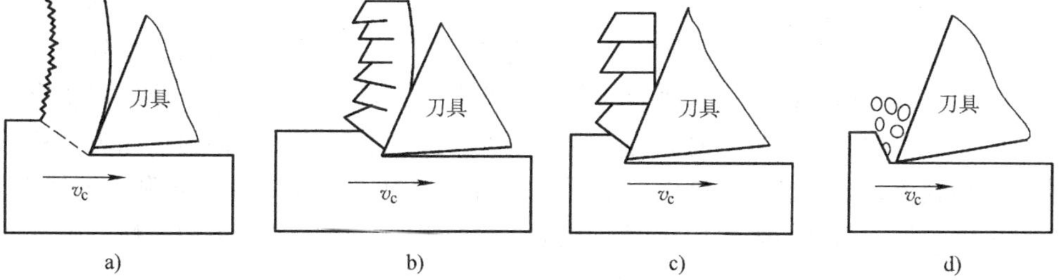

图 3-3　切屑的类型

a）带状切屑　b）节状切屑　c）粒状切屑　d）崩碎切屑

1）带状切屑。即切屑连续不断成带状，底面光滑，背面无明显裂纹且成微小锯齿形。

一般加工塑性材料、刀具前角较大、切削厚度较小时易形成，如图3-3a所示。这时切削过程比较平稳，切削力波动较小，加工表面质量较高。

2）节状切屑。又称挤裂切屑，切屑背面有较深的裂纹，成较大的锯齿形。由于前角较小、切削厚度大、速度低，局部切应力达到材料的屈服强度极限，如图3-3b所示。这时切削变形较大，切削力较大且有波动，加工质量相对较差些。

3）粒状切屑。又称单元切屑，切削过程中，整个剪切面上的应力都超过了材料的屈服强度，产生的裂纹贯穿切屑的断面，形成一个个变形单元，即粒状切屑，如图3-3c所示。

4）崩碎切屑。切削铸铁、青铜等脆性材料时，切削层金属发生弹性变形后，未发生塑性变形就突然崩碎，形成不规则的粒、片或针状切屑，如图3-3d所示。这时，切削力和切削热都集中在切削刃和刀尖附近，刀具易磨损，产生振动，因此，加工质量较低。

切屑的类型随着切削条件的变化而改变。因此，可根据要求采取不同的措施来控制切屑的形态，以满足加工的要求。

（4）积屑瘤的形成及其影响　在切削速度不高而又能形成带状切屑的情况下，加工塑性材料时，常在刀具前刀面上靠近切削刃的部位粘着一块剖面呈三角状的硬块（图3-4），它的硬度很高，通常是工件材料硬度的2～3倍，这块粘附在前刀面上的金属称为积屑瘤（也称刀瘤）。

1）积屑瘤的形成。切削时，切屑与前刀面接触处发生强烈摩擦，当接触面达到一定温度，同时又存在较高压力时，被切材料会粘结（冷焊）在前刀面上。连续流动的切屑从粘在前刀面上的底层金属上流过时，如果温度与压力适当，切屑底部材料也会被阻滞在已经“冷焊”在前刀面上的金属层上，粘成一体，使粘结层逐步长大，形成积屑瘤。积屑瘤的产生及其成长与工件材料的性质、切削区的温度分布和压力分布有关。塑性材料的加工硬化倾向越强，越易产生积屑瘤；切削区的温度和压力很低时，不会产生积屑瘤；温度太高时，由于材料变软，也不易产生积屑瘤。对碳钢来说，切削区温度处于300～350℃时积屑瘤的高度最大，切削区温度超过500℃时积屑瘤便自行消失。在背吃刀量 a_p 和进给量 f 保持一定时，积屑瘤的高度与切削速度有密切关系，因为切削过程中产生的热是随切削速度的提高而增加的。

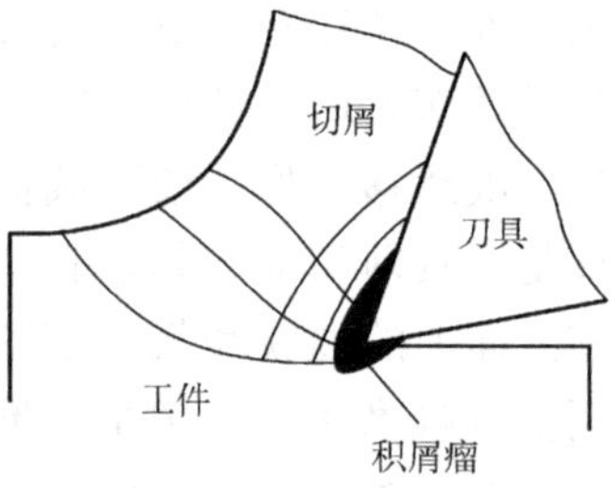

图3-4　积屑瘤

2）积屑瘤对切削过程的影响。积屑瘤在形成过程中，由于金属剧烈变形而引起强化，因而使其硬度远较被切金属为高，所以，积屑瘤可以代替切削刃进行切削，起到保护切削刃的作用，减小刀具磨损。此外，积屑瘤的存在，增大了刀具的实际前角，使切屑变形和切削力减小。因此，粗加工时产生积屑瘤有一定的好处。但积屑瘤的顶端伸出切削刃之外，而又不断地产生和脱落，会在已加工表面上留下不均匀的沟痕，还有一些会粘附在工件表面上，从而影响工件的尺寸精度与表面粗糙度。因此，精加工时，应尽量避免积屑瘤产生。

3）影响积屑瘤的主要因素。由于积屑瘤是在很大压力、剧烈摩擦和变形的情况下产生的，因而切削条件也必然影响积屑瘤的形成和消失。

工件材料的硬度低、塑性大时，切削过程中金属的变形大，切屑与前刀面间的摩擦系数和接触区长度都较大，容易产生积屑瘤。工件材料的塑性较小，硬度较高时，产生积屑瘤的可能性以及积屑瘤的高度都较小。切削脆性材料时，塑性变形很小，切屑是崩碎状态，所以积屑瘤不易产生。

切削速度主要是通过切削温度和摩擦系数来影响积屑瘤的，并且是很明显的。

当切削速度很低时（$v_c<5$m/min），切屑底面的新鲜金属由于氧化时间较长，摩擦系数下降，同时，由于切削温度低，切屑本身的分子结合力较大，且大于切屑底面与前刀面间的摩擦力，因而不会出现积屑瘤。

当切削速度很高时（$v_c=5\sim50$m/min 范围内），切屑底面的新鲜金属来不及充分氧化，摩擦系数较大。这时切屑与前刀面间的摩擦力往往大于切屑分子的结合力，从而最容易产生积屑瘤。对于一般钢料，在 $v_c\approx20$m/min、切削温度为 300℃左右时，摩擦系数最大，积屑瘤的高度也最大。

当切削速度很高时（$v_c>100$m/min），由于切削温度很高，切屑底面的金属呈微熔状态，摩擦系数又明显降低，一般也不会出现积屑瘤。

一般精车、精铣采用高速切削（$v_c>100$m/min）；拉削、铰削、宽刀细刨和某些情况下的精车采用低速（$v_c<5$m/min），也是为了避免积屑瘤的产生，以获得较小的表面粗糙度。

此外，在刀具刃磨后用油石仔细打磨，降低前刀面的表面粗糙度，以减小切屑和前刀面的摩擦；适当地使用切削液，以降低切削温度和减小摩擦，都有助于防止积屑瘤的产生。

2. 切削力

（1）切削力的来源　切削时，使被加工材料发生变形成为切屑所需的力称为切削力。切削力来源于两个方面：一是克服切削层材料和工件表面层材料对弹性变形、塑性变形的抗力；二是克服刀具与切屑、刀具与工件表面间摩擦阻力所需的力，如图 3-5 所示。

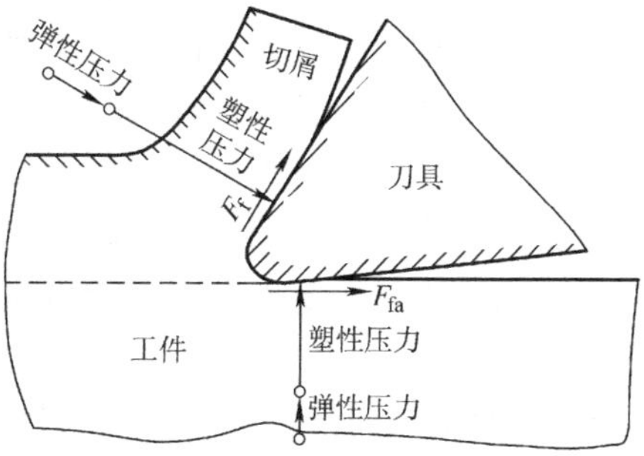

图 3-5　切削力的来源

（2）切削合力及分解　刀具切削工件时所需切削合力（又称切削阻力）F 是一个空间力，为了便于测量或计算，以适应设计和工艺分析的需要，常将切削合力 F 分解为三个互相垂直的切削分力。现以图 3-6 所示外圆车削为例，分析切削合力 F 的三个分力的作用和特点。

1）主切削力 F_c。主切削力是切削合力在切削速度方向的分力，又称垂直切削分力或切向力。它比其他两个分力要大得多，消耗功率也最多，故称主切削力。它是计算机床动力和主传动系统零件（如主轴箱内的轴和齿轮）强度和刚度的主要依据；作用在刀具上的主切削力过大时，可能使刀具崩刃；其反作用力作用在工件上，当切削用量过大时，就可能发生闷车现象（即胶带打滑、工件停转）。

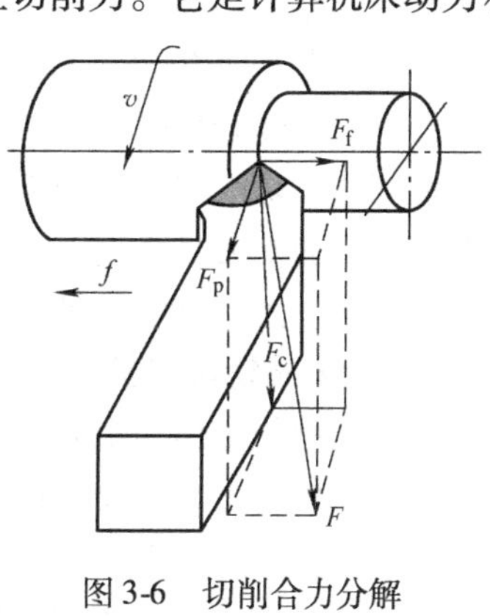

图 3-6　切削合力分解

2）进给力 F_f。进给力是切削合力在进给方向的分力，又称轴向切削分力。F_f 一般只消耗总功率的 1% ~5%，是设计或校核进给系统零件强度和刚度的依据。

3）背向力 F_p。背向力是切削合力在背吃刀量方向的分力，又称径向切削分力。因为切削时在此方向上的运动速度为零，所以 F_p 不做功。但其反作用力作用在工件上，容易使工件弯曲变形，特别是对于细长轴工件，其刚度较差，变形尤为明显，这不仅影响加工精度，同时还会引起振动，从而也影响表面粗糙度，应给予充分注意。

4）三个切削分力互相垂直，并与总切削力有如下关系

$$F=\sqrt{F_c^2+F_p^2+F_f^2} \tag{3-1}$$

（3）影响切削力的因素

1）工件材料。它是影响切削力的主要因素。

①工件材料的强度和硬度越高，变形抗力越大，切削力也越大。

②工件材料的塑性和韧性越大，切削变形越大，加工硬化程度越高，切削力也越大。

2）切削用量。它是影响切削力的重要因素。

①背吃刀量。背吃刀量增加时，切削层的公称截面积也将按比例增加，由于背吃刀量的增加对变形无影响，所以，切削力也按比例增加。

②进给量。进给量增加时，切削层的公称截面积也按比例增加，且切削层公称截面的厚度增加，使平均切削变形减小，所以，切削力不按比例增加，大约增加 70% ~80%。

③切削速度。切削速度对切削力的影响较为复杂。速度很小时（<20m/min），切削速度增加，积屑瘤由小变大，使前角增大，切削刃锋利，变形减小，切削力降低；速度较小时（20 ~50m/min），切削速度增加，则积屑瘤由大变小，切削力增大；速度较大时（>50m/min），随着切削速度的增加，切削温度升高，切削力有所下降。

显然，切削用量对切削力的影响，背吃刀量的影响最大，进给量次之，切削速度最小，因此，从切削力的角度出发，选择切削用量的原则是：采用大的切削速度，较大的进给量，小的背吃刀量。

3）刀具的几何参数。它也是影响切削力的重要因素。前角增大，刀具与切屑的摩擦减小，切削变形小，故切削力减小；主偏角对 F_f、F_p 影响较大，对 F_c 影响较小；刃倾角对 F_p、F_f 影响较大。

3. 切削热

切削热和由此产生的切削温度是切削过程中的又一重要物理现象，它们直接影响着刀具的磨损和寿命，并影响工件的加工精度和表面质量。

（1）切削热的产生　金属切削过程中所消耗的功，绝大部分在切削刃附近转化为热，称为切削热。它主要来自三个方面：被切削金属的变形、切屑与前刀面的摩擦和工件与刀具后刀面的摩擦。

（2）切削热的传出　切削热通过切屑、工件、刀具以及周围介质传散。在一般干切削的条件下，大部分切削热由切屑带走，其次为工件和刀具，介质传出的热量最少。

切削热对切削加工十分不利，它使工件温度升高，产生热变形，影响加工精度；使刀具温度升高，加剧刀具磨损。减少切削热、降低切削温度的措施是：增大刀具前角，减小主偏角；优先采用大的背吃刀量和进给量，再确定合理的切削速度；使用切削液等。

（二）金属切削刀具

各种类型的金属切削刀具大都分成两大部分——夹持部分和工作部分。前者的作用是将刀具夹持在机床上，并要保证刀具的正确位置，传递所需要的运动和动力，还要保证夹固可靠，装卸方便。工作部分有些又分切削部分和校准部分（如钻头、铰刀等），但多数刀具则无校准部分（如车刀、刨刀、铣刀）；切削部分担负主要的切削工作，校准部分则完成辅助

的切削工作，用来修整、刮光工件表面和导向，使工件的形状和尺寸更精确，表面更光洁。

夹持部分的材料一般多为中碳钢，而切削部分材料的种类较多，要根据不同的加工要求选择合适的材料。所谓刀具材料，通常是指切削部分的材料。

1. 刀具材料

在切削过程中，刀具的切削性能取决于刀具的几何形状和切削部分材料的性能。切削技术发展的基础是刀具材料的发展。早期使用的碳素工具钢，切削速度只有10m/min左右；20世纪初出现高速钢刀具，切削速度提高到每分钟几十米；20世纪30年代出现了硬质合金刀具，切削速度提高到每分钟一百到几百米；陶瓷刀具和超硬材料刀具的出现，使切削速度提高到每分钟一千米以上。新刀具材料的出现，推动了整个切削加工技术和机床设备的发展。

（1）对刀具材料的基本要求　在切削过程中，刀具切削部分直接受到高温、高压以及强烈的摩擦作用，因此必须具备下列基本性能要求：

1）较高的硬度。硬度必须大于工件材料的硬度，常温硬度一般要求在60HRC以上。

2）足够的强度和韧性，能承受切削力和冲击。

3）良好的耐磨性。

4）良好的耐热性。耐热性也称热硬性，是指刀具材料在较高温度下仍能保持高的硬度、好的耐磨性和较高的强度等综合性能。耐热性是刀具切削部分材料的主要性能。下面所介绍的常用刀具材料的主要性能区别就在于此。

此外，刀具材料还应有较好的工艺性能，如热处理性能好（变形小、淬透性好等）、刃磨性能好等。

（2）常用的刀具材料　目前常用的刀具材料有以下几种：

1）碳素工具钢。碳素工具钢是一种含碳量较高的优质钢（$w_C=0.7\%\sim1.2\%$）。其特点是淬火后硬度可达61～65HRC，而且价格低廉，但这种材料不耐高温，在200～250℃即开始失去原来的硬度，并且淬火时容易产生裂纹和变形。常用于制造低速工作、结构简单的手工工具，如锉刀、手用锯条等。一般允许的切削速度为8m/min，常用的牌号有T10、T10A、T12、T12A等。

2）合金工具钢。在碳素工具钢中加入适量的铬、钨、锰等合金元素，能够提高材料的耐热性、耐磨性和韧性，同时还可减少热处理时的变形。淬火后的硬度亦可达61～65HRC，热硬性可达350～400℃。常用于制造低速（允许的切削速度可比碳素工具钢提高20%左右）、复杂的刀具，如铰刀、板牙、丝锥等，常用的牌号有铬钨锰钢（CrWMn）和铬硅钢（9CrSi）等。

3）高速工具钢。高速工具钢是一种含有较多的钨、铬等合金元素的高合金工具钢。这些合金元素很容易形成各种合金碳化物，硬度、耐热性和耐磨性都有显著提高。淬火后硬度为62～65HRC，热硬性可达600℃，允许的切削速度为30～50m/min；并且因热处理变形小，刃磨性能较硬质合金好，所以广泛地用于制造较复杂的刀具，如钻头、铣刀、齿轮刀具和其他成形刃具。

高速工具钢是目前机床上使用的主要刀具材料之一，我国使用得最普遍的高速钢牌号为W18Cr4V，属于钨系高速工具钢。

国外由于钨的资源缺乏，寻求以钼代钨的钼系高速工具钢，如W6Mo5Cr4V2高速工具钢已在美国普遍使用，其碳化物分布的均匀性、韧性和高温塑性都优于W18Cr4V，但刃磨性略差。这一钢种目前在我国也有一定的应用，但产量不多，主要用于热轧刀具（如麻花钻）。

高速工具钢在生产中通用的名称较多。因为它容易磨得锋利，故可称“锋钢”；又因它在淬火时，在空气中（风中）便能变硬，故又称“风钢”；并因工具厂供应的高速钢，四边磨得洁白光亮，因此也称“白钢”。

4）硬质合金。目前常用的硬质合金是由硬度和熔点都很高的碳化钨（WC）、碳化钛（TiC）等金属碳化物做基体，以钴（Co）作粘结剂，用粉末冶金法制成的合金。其硬度很高，可达89～92.5HRA（相当于70～75HRC），能耐850～1000℃的高温，故其允许的切削速度可达100～300m/min，这是硬质合金得到广泛应用的主要原因。但是硬质合金的抗弯强度远比高速钢低，约为W18Cr4V高速钢的1/2～1/4；冲击韧度较差，约为W18Cr4V高速钢的1/4～1/30，故常把硬质合金刀片用焊接或机械方法固定在刀体上使用。现在大部分车削刀具已采用硬质合金，其他切削刀具采用硬质合金的也日益增多，硬质合金已成为主要的刀具材料之一。

硬质合金按其成分可分为两大类：

①钨钴类（YG类）。由碳化钨和钴组成。这类合金因为含钴较多，故韧性较好，而硬度和耐磨性稍差，适于加工铸铁、青铜等脆性材料。常用的这类合金按含钴量的不同可分为YG3、YG6、YG8等牌号。其中的数字表示含钴量的高低，数字越大，表示含钴量越高，含碳化钨的量越低，故韧性越高，硬度及耐磨性越差，因此，依次适用于精加工、半精加工和粗加工。

②钨钛钴类（YT类）。由碳化钨、碳化钛和钴组成。这类合金由于加入碳化钛，因而其耐磨性及热硬性更高，能耐900～1000℃高温，但性脆不耐冲击，宜用于加工钢件。常用的牌号有YT5、YT15、YT30等，其中的数字表示碳化钛的含量，数字越大则表示碳化钛的含量越多，耐磨性也就越高，但钴的含量则相应降低，韧性因之降低，所以它们依次适用于粗加工、半精加工和精加工。

上述两类硬质合金的应用是指在一般条件下，而在某些特殊条件下尚可灵活应用，例如切削速度不太高或充分使用切削液的条件下，车削某些钢件，如大的铸钢件时，采用耐冲击性较好的YG类合金刀片，较YT类更为有利。

5）陶瓷材料。其主要成分为氧化铝（Al_2O_3），刀片硬度可达86～96HRA，能耐1200℃高温，所以能承受更高的切削速度，但陶瓷材料性脆怕冲击，容易崩刃，影响推广使用。因为氧化铝的价格低廉，原料丰富，很有发展前途。如何提高其冲击韧性及抗弯强度，已成为各国研究工作的重点。近年来各国先后研究成功了“金属陶瓷”，其成分除Al_2O_3外，还含有各种金属元素，抗弯强度已有提高。目前主要用于高硬度钢材的半精加工和精加工。

（3）其他新型刀具材料简介　随着科学技术和工业的发展，出现了一些高强度、高硬度的难加工材料的工件，要求性能更好的刀具材料进行切削，从而推动国内外对新型刀具材料进行大量的研究和试验。

1）高速工具钢的改进。即通过调整基本化学成分和添加其他含金元素，使其性能进一步提高。例如，钴高速钢（110W1.5Mo9.5Cr4VCo8）是通过添加钴元素使其硬度及热硬性都有提高，但由于含钴较多，不适于我国资源状况。立足于我国资源状况，已研制成了铝高速钢，即添加了铝等元素（如W6Mo5Cr4V2Al），其硬度可达70HRC，耐热性超过600℃，是一种高性能高速工具钢。

近年来又出现了粉末冶金高速工具钢，其基本原理是将高频感应炉熔炼的钢液用高压惰性气体（氩气）雾化成粉末，再经过冷压和热压（同时进行烧结）制成致密钢坯，然后用一般方法轧制和锻造成材。粉末冶金法制造的高速工具钢可细化晶粒，消除碳化物偏析，所以韧性大、硬度较高、材质均匀、热处理变形小，适于制造各种高精度刀具。

2）硬质合金的改进。如前所述，硬质合金的缺点是强度和韧性低，耐冲击性差。改进的方法是添加少量的碳化钽（TaC）、碳化铌（NbC）等以细化晶粒。例如，在普通YT类硬质合金中加入少量的碳化钽后，既可加工特种铸铁，也可加工耐热钢、高锰钢等特种钢材，故有通用硬质合金之称。国产的YW1、YW2等牌号即属于此类。又如，在YG类硬质合金中加入少量的碳化铌后，也适于加工奥氏体不锈钢、耐热钢等特种钢和铸铁等材料，国产的YA6牌号即属于此类。

近年来还发展了涂层刀片，就是在韧性较好的硬质合金（YG类）基体表面，涂覆一层（5～12μm）硬度和耐磨性很高的物质（如TiC或TiN），得到既有高硬度和高耐磨性的表面，又有韧性较好的基体。目前涂层硬质合金主要用于半精加工和精加工，并为不重磨刀片（又称可转位刀片）的推广提供了良好的条件。随着涂层技术的发展和工艺的改进，它的应用将会进一步扩大。

3）人造金刚石。它的硬度极高（接近10000HV，而硬质合金仅达1000～2000HV），耐热性为700～800℃，粒度一般在0.5mm以内。大颗粒金刚石分单晶和聚晶两种。聚晶金刚石大颗粒可制成一般切削刀具，单晶微粒金刚石主要制成砂轮。金刚石除可以加工高硬度且耐磨的硬质合金、陶瓷、玻璃等材料外，还可以加工非铁金属及其合金，但不宜加工铁族金属，这是由于铁和碳原子的亲和力较强，易产生粘结作用而加快刀具磨损。用金刚石车刀高速精车非铁金属时，表面粗糙度值很小；用金刚石砂轮磨削硬质合金刀具时，质量好，效率高。

4）立方氮化硼（CBN）。立方氮化硼是人工合成的又一种高硬度材料，硬度仅次于金刚石（7300～9000HV）。但它的耐热性和化学稳定性都大大高于金刚石，能耐1300～1500℃的高温，并且与铁族金属的亲和力小。因此，它的切削性能好，不但适于非铁族难加工材料的加工，也适于铁族材料的加工。

CBN和金刚石刀具脆性大，故使用时，机床刚度要好，主要用于连续切削，且尽量避免冲击和振动。

2. 刀具切削部分的几何形状

刀具的种类繁多，形状各异（如车刀、钻头、铣刀等），它们的几何形状各不相同，复杂程度也有差异。各类刀具都有各自的特性，又都存在着共性。但无论哪种刀具，都由承担切削功能的切削部分和用于装夹的部分组成。其中以车刀最为简单、常用，其他各种刀具的切削部分，均可看作是车刀的演变和组合。

车刀由两大组成部分——夹持部分（刀体）和工作部分（刀头）。刀头为车刀的切削部分，由三面（前刀面，主后刀面，副后刀面），两刃（主切削刃，副切削刃），一尖（刀尖）组成，如图3-7所示。

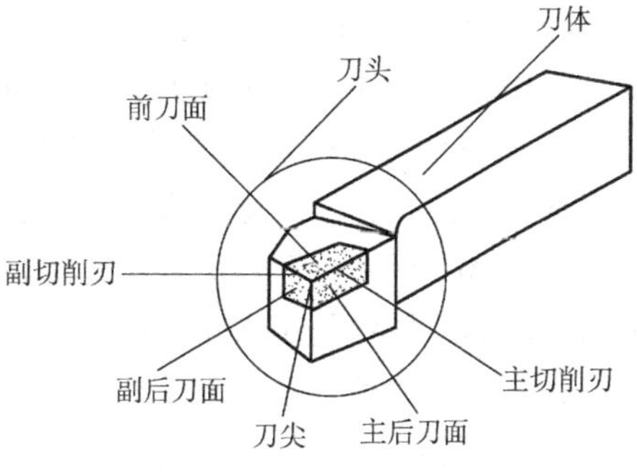

图3-7　车刀的组成

（1）前刀面　前刀面是刀具上切屑流过的表面。

（2）主后刀面　主后刀面是刀具上同前刀面相

交形成主切削刃的面。

（3）副后刀面　副后刀面是刀具上同前刀面相交形成副切削刃的面。

（4）主切削刃　主切削刃是刀具上主要作切削的切削刃，即前刀面与主后刀面的交线。

（5）副切削刃　副切削刃即前刀面与副后刀面的交线。

（6）刀尖　刀尖是指主切削刃与副切削刃的连接处相当少的那部分切削刃，它不是一个几何点，而是具有一定圆弧半径的刀尖。

（三）车刀的种类和用途

车刀是金属切削加工中应用最广的一种刀具。由于零件的形状、大小和加工要求不同，采用的车刀也不相同。车刀的种类很多，用途各异，可以在车床上加工外圆、端平面、螺纹、内孔，也可用于切槽和切断等。车刀在结构上可分为整体车刀、焊接装配式车刀和机械夹固刀片的车刀。机械夹固刀片的车刀又可分为机床车刀和可转位车刀。现介绍几种常用车刀（图3-8）。

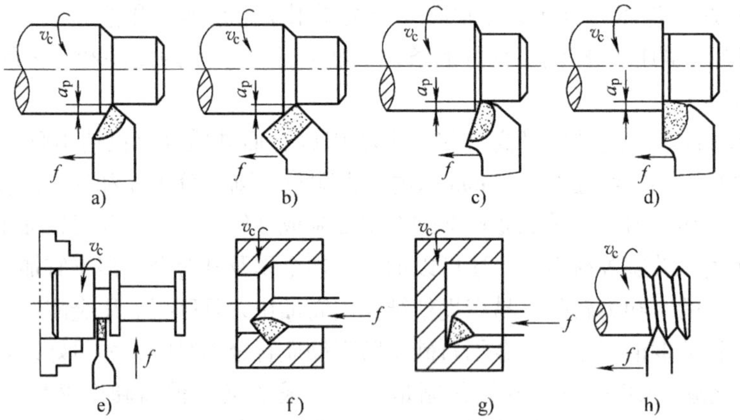

图3-8　常用车刀的种类和用途

a）直头车刀　b）45°弯头车刀　c）75°强力车刀　d）90°外圆车刀

e）切断刀或切槽刀　f）扩孔刀（通孔）　g）扩孔刀（不通孔）　h）螺纹车刀

1. 外圆车刀

外圆车刀又称尖刀，主要用于车削外圆、平面和倒角。外圆车刀一般有以下四种形状。

（1）直头车刀　主偏角与副偏角基本对称，一般在45°左右，前角可在5°～30°之间选用，后角一般为6°～12°，主要用于车削不带台阶的光轴。

（2）45°弯头车刀　主要用于车削不带台阶的光轴和平面，它可以车外圆、端面和倒角，使用比较方便，刀头和刀尖部分强度高。

（3）75°强力车刀　主偏角为75°，适用于粗车加工余量大、表面粗糙、有硬皮或形状不规则的零件，它能承受较大的冲击力，刀头强度高，寿命长。

（4）90°外圆车刀　90°外圆车刀的主偏角为90°，用来车削工件的端面和台阶，有时也用来车外圆，特别是用来车削细长工件的外圆，可以避免把工件顶弯。90°外圆车刀分为左车刀和右车刀两种，常用的是右车刀，其切削刃向左。

2. 切断刀（割刀）和切槽刀

1）切断刀的刀头较长，其切削刃也狭长，这是为了减少工件材料消耗和切断时能切到中心的缘故。因此，切断刀的刀头长度必须大于工件的半径。

2）切槽刀与切断刀基本相似，只不过其形状应与槽的形状一致，但刀头相对较短。

3. 扩孔刀

扩孔刀又称镗孔刀，用来加工内孔。它可以分为通孔刀和不通孔刀两种。

1）通孔刀的主偏角小于90°，一般在45°～75°之间，副偏角为20°～45°，扩孔刀的后角应比外圆车刀稍大，一般为10°～20°。

2）不通孔刀的主偏角应大于90°，刀尖在刀头的最前端；为了使内孔底面车平，刀尖与刀体外端距离应小于内孔的半径，扩孔刀的长度和大小应与加工的孔相配套。

4. 螺纹车刀

螺纹按牙型有三角形、方形和梯形等，相应地也有三角形螺纹车刀、方形螺纹车刀和梯形螺纹车刀等。螺纹的种类很多，其中以三角形螺纹应用最广。采用三角形螺纹车刀车削米制螺纹时，其刀尖角必须为60°，前角取0°。

（四）车刀角度

车刀的角度是在切削过程中形成的，它们对加工质量和生产率等起着重要作用。在切削时，与工件加工表面相切的假想平面称为切削平面；与切削平面相垂直的假想平面称为基面；采用机械制图的假想剖面（正交平面），由这些假想的平面再与刀头上存在的三面两刃就可构成实际起作用的刀具角度。对车刀而言，基面为水平面，并与车刀底面平行。切削平面、正交平面与基面是相互垂直的（图3-9）。

车刀的主要角度有前角 γ_o、后角 α_o、主偏角 κ_r、副偏角 κ_r'和刃倾角 λ_s（图3-10）。

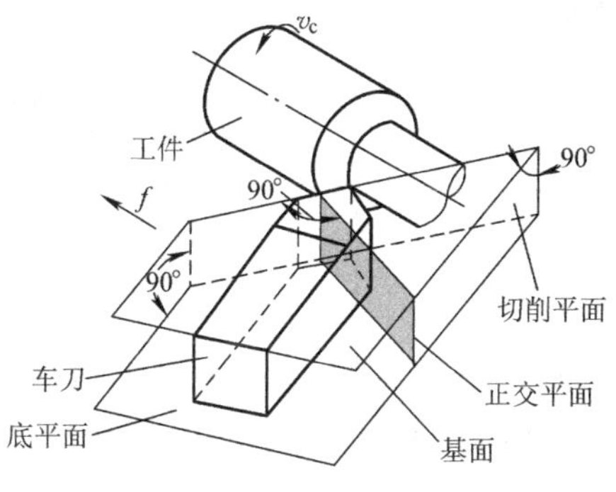

图3-9　确定车刀角度的辅助平面

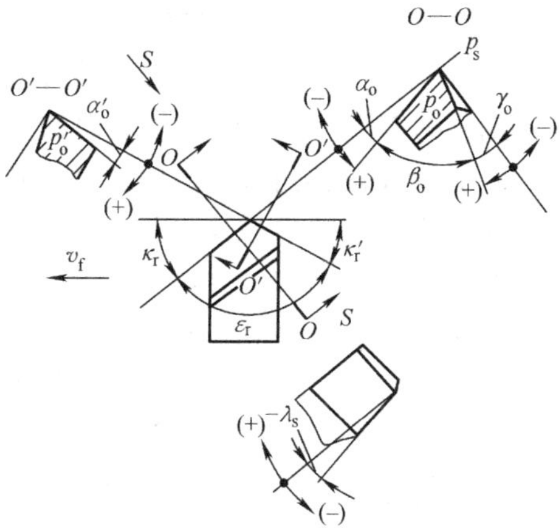

图3-10　车刀的主要角度

（1）前角 γ_o　前刀面与基面之间的夹角，表示前刀面的倾斜程度。前角可分为正、负、零角，前刀面在基面之下则前角为正值，反之为负值，相重合为零。一般所说的前角是指正前角而言。

前角的作用：增大前角，可使切削刃锋利、切削力降低、切削温度降低、刀具磨损小、表面加工质量高。但过大的前角会使刃口强度降低，容易造成刃口损坏。

选择原则：用硬质合金车刀加工钢件（塑性材料等）时，一般选取 $\gamma_o=10°\sim20°$；加工灰铸铁（脆性材料等）时，一般选取 $\gamma_o=5°\sim15°$。精加工时，可取较大的前角，粗加工时应取较小的前角。工件材料的强度和硬度较大时，前角取较小值，有时甚至取负值。

（2）后角 α_o　主后刀面与切削平面之间的夹角，表示主后刀面的倾斜程度。

后角的作用：减少主后刀面与工件之间的摩擦，并影响刃口的强度和锋利程度。

一般后角可取 $\alpha_o=6°\sim8°$。

（3）主偏角 κ_r　主切削刃与进给方向在基面上投影间的夹角。

主偏角的作用：影响切削刃的工作长度（图3-11）、背向力、刀尖强度和散热条件。主偏角越小，则切削刃工作长度越长，散热条件越好，但背向力越大（图3-12）。

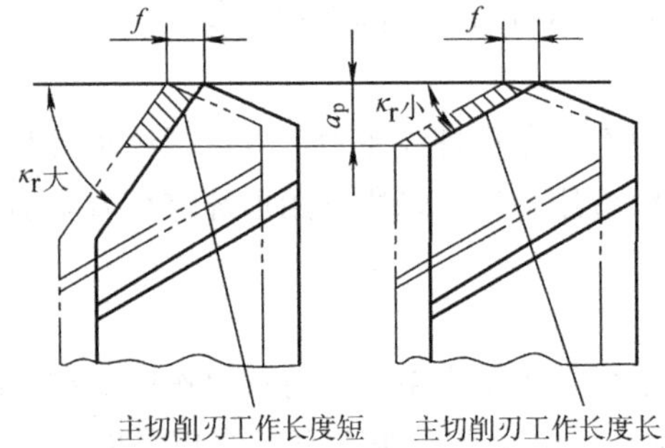

图3-11　主偏角改变时对主切削刃工作长度的影响

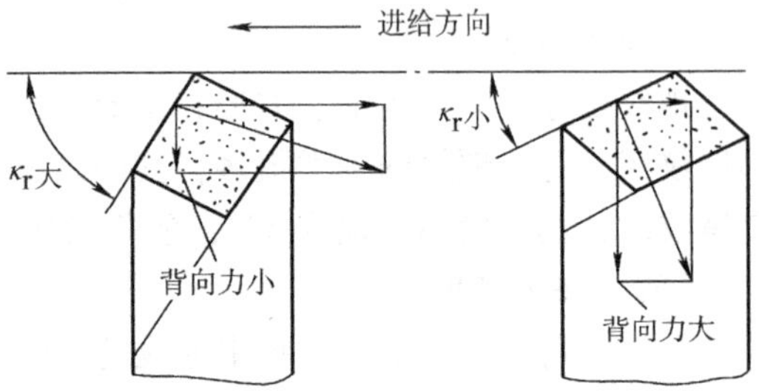

图3-12　主偏角改变时背向力的变化图

选择原则：车刀常用的主偏角有45°、60°、75°、90°几种。工件粗大、刚度好时，可取较小值。车细长轴时，为了减少背向力而引起工件弯曲变形，宜选取较大值。

（4）副偏角 κ_r'　副切削刃与进给方向在基面上投影间的夹角。

副偏角的作用：影响已加工表面的表面粗糙度（图3-13），减小副偏角可使已加工表面光洁。

选择原则：一般选取 $\kappa_r'=5°\sim15°$，精车时可取5°～10°，粗车时取10°～15°。

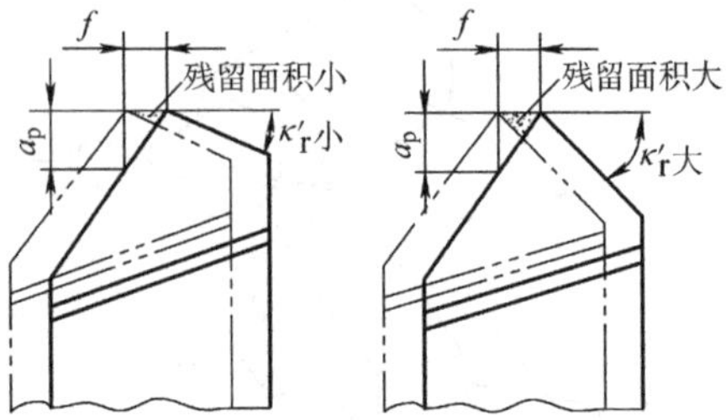

图3-13　副偏角对残留面积高度的影响

（5）刃倾角 λ_s　主切削刃与基面间的夹角。刀尖为切削刃最高点时，为正值，反之为负值。

刃倾角的作用：主要影响主切削刃的强度和控制切屑流出的方向。以刀体底面为基准，当刀尖为主切削刃最高点时，λ_s 为正值，切屑流向待加工表面，如图3-14a所示；当主切削刃与刀体底面平行时，$\lambda_s=0°$，切屑沿着垂直于主切削刃的方向流出，如图3-14b所示；当刀尖为主切削刃最低点时，λ_s 为负值，切屑流向已加工表面，如图3-14c所示。

选择原则：一般 λ_s 在0°～±5°之间选择。粗加工时，常取负值，切屑流向已加工表面无妨，但保证了主切削刃的强度好。精加工时常取正值，使切屑流向待加工表面，从而不会划伤已加工表面。

（五）刀具磨损与刀具寿命

在切削过程中，刀具在高压、高温和强烈摩擦条件下工作，一方面切下切屑，另一方面刀具本身切削刃由锋利逐渐变钝，以致失去正常切削能力。刀具损坏的形式主要有磨损和破损两类。前者是连续的逐渐磨损，属正常磨损；后者包括脆性破损（如崩刃、碎断、剥落、裂纹破损等）和塑性破损两种，属非正常磨损。刀具磨损后，使工件的加工精度降低，表面粗糙度增大，并导致切削力加大、切削温度升高，甚至产生振动，不能继续正常切削。因此，刀具磨损直接影响加工效率、质量和成本。

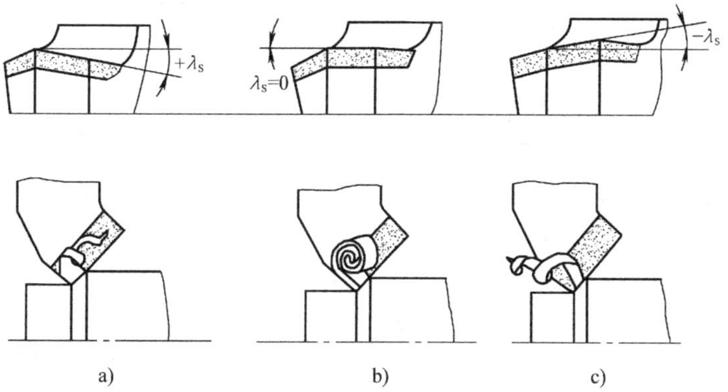

图 3-14　刃倾角与切屑流向

（1）刀具磨损的形式　刀具正常磨损时，按磨损部位不同可分为主后刀面磨损、前刀面磨损、前刀面和主后刀面同时磨损三种形式，如图 3-15 所示。

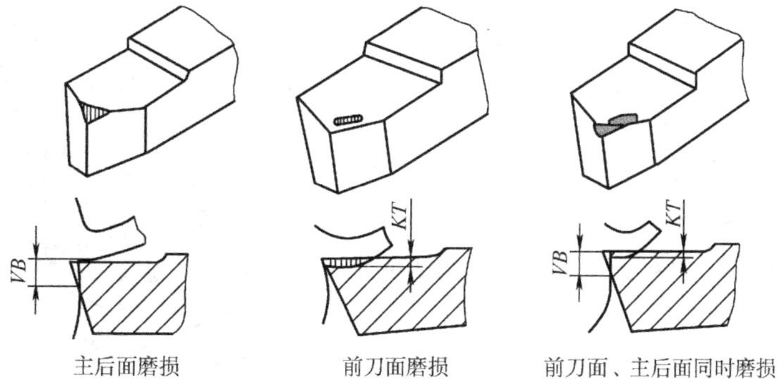

图 3-15　车刀典型的磨损形式

1）主后刀面磨损。切削脆性材料或以较低的切削速度和较小的切削层公称厚度切削塑性材料时，前刀面上的压力和摩擦力不大，温度较低，这时磨损主要发生在主后刀面上。磨损程度用平均磨损高度 *VB* 表示。

2）前刀面磨损。以较高的切削速度和较大的切削层公称厚度切削塑性材料时，切屑对前刀面的压力大，摩擦剧烈，温度高。在前刀面切削刃附近出现月牙洼，月牙洼扩大到一定程度，刀具就会崩刃。前刀面磨损程度用月牙洼最大深度 *KT* 表示。

3）前刀面、主后刀面同时磨损。以中等切削速度和中等切削层公称厚度切削塑性材料时，常会发生这种磨损。

（2）刀具磨损的原因　刀具正常磨损的原因主要是机械磨损和热、化学磨损。机械磨损是由工件材料中硬质点的刻划作用引起的，热、化学磨损则是由粘结（刀具与工件材料接触到原子间距离时产生的结合现象）、扩散（刀具与工件两摩擦面的化学元素互相向对方扩散、腐蚀）等引起的。

（3）刀具磨损的过程　随着切削时间的延长，刀具磨损增加。根据切削实验，可得图

3-16 所示的刀具正常磨损过程的典型磨损曲线。该图分别以切削时间和后刀面磨损量 VB（或前刀面月牙洼磨损深度 KT）为横坐标与纵坐标。从图 3-16 可知，刀具磨损的过程可分为三个阶段，即初期磨损阶段、正常磨损阶段、急剧磨损阶段。

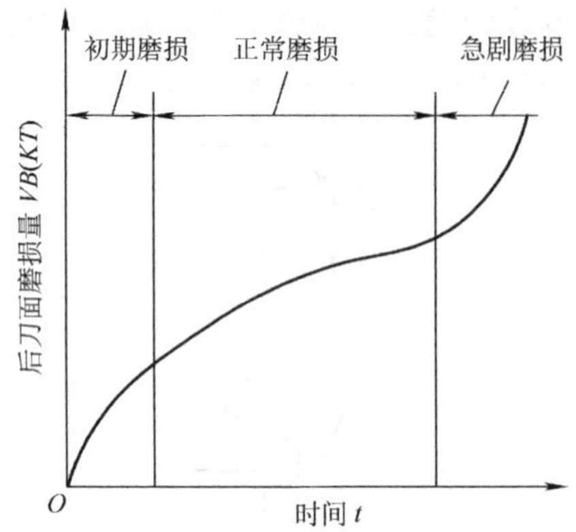

图 3-16　刀具正常磨损过程的典型磨损曲线

（4）刀具的寿命　刀具两次刃磨之间实际切削的时间，称为刀具的寿命。实际生产中，一般用刀具的使用时间当作寿命。例如，对于硬质合金车刀，寿命大致为 60 ~ 90min；钻头的寿命大致为 80 ~ 120min；硬质合金面铣刀的寿命大致为 90 ~ 180min；齿轮刀具的寿命大致为 200 ~ 300min。

有经验的操作者常根据切削过程中出现的异常现象，来判断刀具是否已经磨钝。例如切屑变色发毛、切削力突然增大、振动与噪声以及表面粗糙度值显著增大等。

（5）影响刀具寿命的因素　主要有工件和刀具的材料、刀具角度、切削用量以及是否使用切削液等。

刀具寿命的选择与生产率、成本有直接关系。选择高的刀具寿命，会限制切削速度，这就影响到生产率；若选择过低的寿命，则会增加磨刀次数，增加辅助时间和刀具材料的消耗，仍然影响到生产率和成本，所以应根据切削条件选用合理的刀具寿命。

（六）车刀的安装

车刀使用时必须正确安装（图 3-17）。基本要求有下列几点：

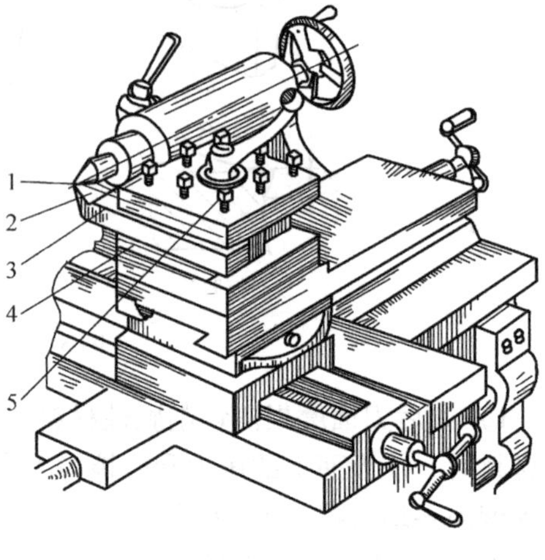

图 3-17　车刀的安装
1—顶尖　2—刀头　3—刀体
4—垫片　5—刀架螺钉

1）车刀刀尖应与车床的主轴轴线等高，可根据尾座顶尖的高度来进行调整。

2）车刀刀体应与车床轴线垂直。

3）车刀应尽可能伸出短些，一般伸出长度不超过刀体厚度的 2 倍。若伸出太长，刀体刚度减弱，切削时容易产生振动。

4）刀体下面的垫片应平整，且片数不宜太多（少于 2 ~ 3 片）。

5）车刀位置装正后，应拧紧刀架螺钉，一般用两个螺钉，并交替拧紧。

（七）车刀的刃磨

车刀用钝后，必须刃磨，以便恢复其合理的形状和角度。车刀是在砂轮机上刃磨的。磨高速钢车刀时，用氧化铝砂轮（一般为白色）；磨硬质合金车刀时，用碳化硅砂轮（一般为绿色）。刃磨的顺序和姿势如图 3-18 所示。

（1）磨前刀面

1）刀体尾部下倾。

2）按前角大小倾斜前刀面。

3）将切削刃与刀体底面平行或倾斜一定角度。

4）将前刀面自下而上慢慢接触砂轮。

（2）磨副后刀面

1）按副偏角大小，将刀体向右偏斜。

2）按副后角大小，将刀头向上翘。

3）将副后刀面自下而上慢慢接触砂轮。

（3）磨后刀面

1）按主偏角大小，将刀体向左偏斜。

2）按主后角大小，将刀头向上翘。

3）将主后刀面自下而上慢慢接触砂轮。

（4）磨刀尖过渡刃

1）刀尖上翘，使过渡刃处有后角。

2）左右移动或摆动进行刃磨。

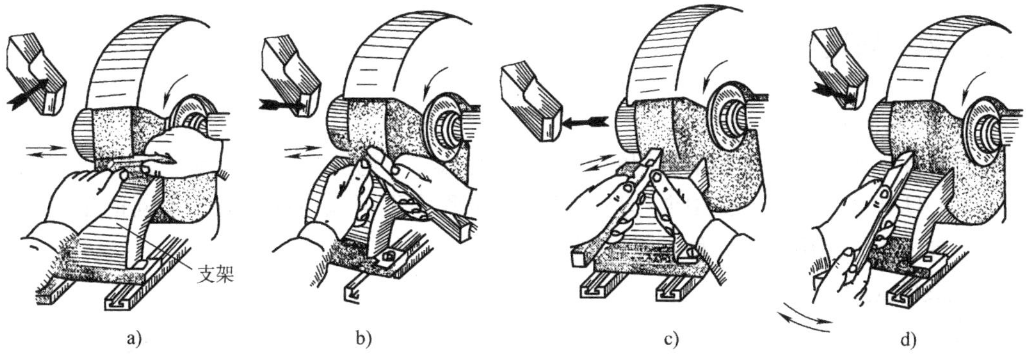

图 3-18　车刀的刃磨

a）磨前刀面　b）磨副后刀面　c）磨后刀面　d）磨刀尖过渡刃

车刀在砂轮机上刃磨后，还要用油石加全损耗系统用油将各面磨光，以延长车刀寿命和降低被加工零件的表面粗糙度值。

（5）刃磨车刀时的注意事项

1）刃磨时，两手握稳车刀，使刀体靠于支架，并使受磨面轻贴砂轮。切勿用力过猛，以免挤碎砂轮，造成事故。

2）应将刃磨的车刀在砂轮圆周面上左右移动，使砂轮磨耗均匀，不出沟槽。应避免在砂轮两侧面用力粗磨车刀，以致砂轮受力偏摆、跳动，甚至破碎。

3）刀头磨热时，即应沾水冷却，以免刀头因温度升高而软化。但磨硬质合金车刀时，不应沾水，以免产生裂纹。

4）不要站在砂轮的正面，以防砂轮破碎时伤及操作者。

四、思考与练习

车刀刃磨的目的是什么？

模块 2　传动轴零件通用夹具的选择

一、教学目标

最终目标：掌握传动轴零件通用夹具的选择与使用。

促成目标：

1）掌握通用车夹具的工作原理。

2）熟悉专用车夹具的工作原理。

二、案例分析

根据 GH1640—30214A 传动轴图样的技术要求，采用卧式车床直接加工零件，并选用 $\phi1\sim\phi13$mm 钻夹头、活动顶尖、拨盘、鸡心夹头，少许铜片、垫刀块、划针、粉笔等工具和夹具。

三、相关知识

（一）夹具简介

工艺装备是产品制造过程中所用的各种工具的总称，包括刀具、夹具、模具、检具、辅具、钳工工具和工位器具。其中夹具是产品制造过程中不可缺少的装置。不同的生产类型，不同的制造过程，使用的夹具种类也不同。

1. 夹具的定义

夹具是用于装夹工件（和引导刀具）的装置。夹具泛指各种制造业中所应用的装置，在切削加工、焊接、热处理、流水线、检测等过程中都会广泛应用。

2. 机床夹具

在金属切削机床上使用的夹具称为机床夹具，通常简称为夹具。机床夹具是机械加工工艺系统的一个重要组成部分。

在切削加工中，机床夹具的设计与应用将直接影响产品的加工质量、制造成本和生产效率。图 3-19 所示为铣床夹具。

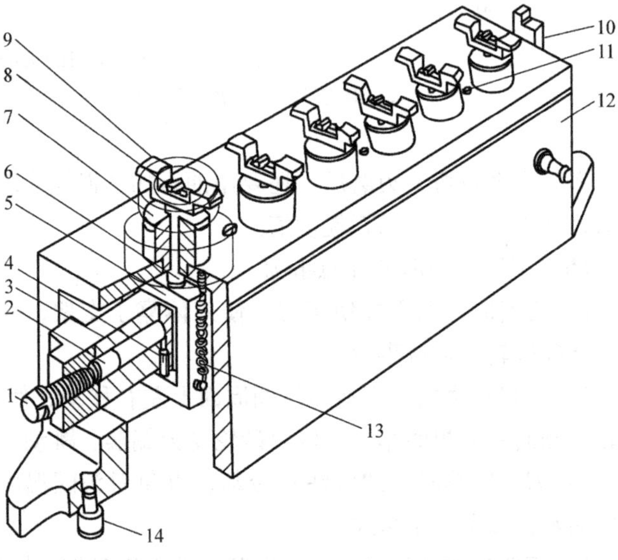

图 3-19　铣床夹具

1—螺钉　2、4—滑柱　3—介质（液性塑料）　5—框架　6—拉杆　7—定位轴　8—钩　9—压板　10—对刀块　11—键　12—夹具体　13—弹簧　14—定位销

3. 夹具的功能

（1）主要功能　机床夹具的功能可以分为主要功能和特殊功能。主要功能是装夹工件，也就是实现

一个或一批工件的正确定位和夹紧。

1）定位。即确定工件在机床上或夹具中占有正确位置的过程。定位是在加工前所完成的过程，应保证一个或者一批工件的位置正确。

定位的操作是解决工件定位基准（基面）与夹具的定位元件定位表面的接触和配合问题，应根据工件的加工工序中的要求，保证加工位置正确。

2）夹紧。即工件定位后将其固定，使其在加工过程中保持定位位置不变的操作。夹紧也是在加工前所完成的过程，夹紧的作用要克服加工时外力的作用，保证原有定位位置正确，同时尽量不使工件变形。

工件定位以后，必须通过一定的装置产生夹紧力把工件固定，使工件保持在准确定位的位置上，否则，在加工过程中因受切削力、惯性力、传动力、离心力、重力等外力的作用而发生位置变化或引起振动，破坏了原来的准确定位，将无法保证加工要求。这种产生夹紧力的装置便是夹具夹紧装置。

（2）特殊功能　不同的机床夹具用于不同机床的加工，机床夹具必须适应机床的要求，因而不同类型的机床夹具也会有特殊的功能。

1）定向。即确定机床夹具在机床上的位置正确的过程。例如，利用铣床夹具在铣床上加工槽、台阶面，利用镗床夹具（镗模）加工平行孔系、垂直孔系等，保证铣床夹具和镗模在机床上的位置正确是首要条件，在满足该条件的情况下，才能考虑定位和夹紧问题。

2）对刀。即调整刀具切削刃相对工件或夹具的正确位置的过程。铣床夹具相对刀具切削刃的位置的正确性是靠对刀操作完成的。

3）导向。即确定刀具的正确加工位置并引导刀具工作。钻床和镗床夹具在应用时，可引导钻头和镗杆的加工位置。

4. 夹具在机械加工中的作用

1）保证加工精度。用夹具装夹工件时，能稳定地保证加工精度。

2）提高劳动生产率，能使工件迅速地定位和夹紧，显著地缩短辅助时间和基本时间。

3）改善工人的劳动条件。用夹具装夹工件方便、省力、安全。

4）降低生产成本。在批量生产中使用夹具时，由于劳动生产率的提高和允许使用技术等级较低的工人操作，故可明显地降低生产成本。

5）保证工艺纪律。在生产过程中使用夹具，可确保生产周期、生产调度等工艺秩序。

6）扩大机床工艺范围。这是在生产条件有限的企业中常用的一种技术改造措施。

5. 夹具的分类

（1）按照机床使用类型分类　不同的机床，其切削成形的运动不同，加工精度要求也各不相同，根据不同的机床类型可以分为车床夹具、铣床夹具、钻床夹具、磨床夹具、镗床夹具和齿轮加工夹具。其中用于在镗床上和钻床上加工孔系表面的夹具分别称为镗模和钻模。

（2）按照夹具性质分类　这种方法主要反映夹具在不同生产类型中的通用特性，故也是选择夹具的主要依据。目前，我国常用的分类有通用夹具、专用夹具、可调夹具、组合夹具和自动化生产用夹具五大类。

1）通用夹具。通用夹具是指结构、尺寸已规格化，且具有一定通用性的夹具，如自定心卡盘、单动卡盘（图 3-20）、台虎钳、万能分度头、顶尖、中心架、电磁吸盘等。其特点是适应性强，不需调整或稍加调整即可装夹一定形状和尺寸范围内的各种工件。这类夹具已商品化，且成为机床附件。

采用通用夹具可缩短生产准备周期，减少夹具品种，从而降低生产成本。其缺点是加工精度不高，生产率也较低，且较难装夹形状复杂的工件，故适用于单件小批量生产。

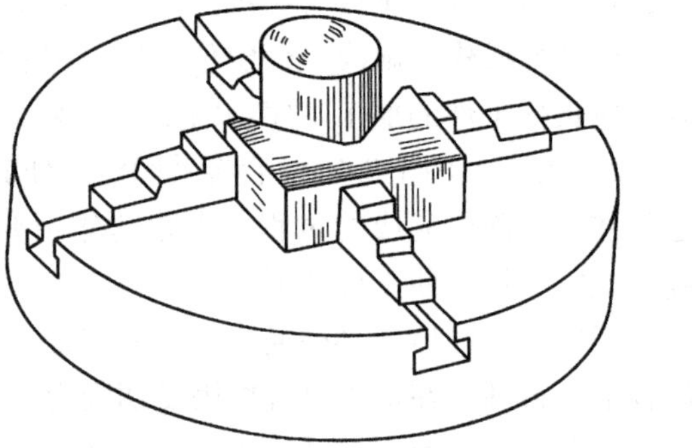

图 3-20　四爪单动卡盘

2）专用夹具。专用夹具是针对某一工件某一工序的加工要求而专门设计和制造的夹具。图 3-21 所示为专用回转式钻模。其特点是针对性极强，没有通用性。在产品相对稳定、批量较大的生产中，用各种专用夹具可获得较高的生产率和加工精度。专用夹具的设计制造周期较长，随着现代多品种，中、小批生产的发展，专用夹具在适应性和经济性等方面已产生许多问题。

3）可调夹具。可调夹具是针对通用夹具和专用夹具的缺陷而发展起来的一类新型夹具。对不同类型和尺寸的工件，只需调整或更换原来夹具上的个别定位元件和夹紧元件便可使用。它一般又分为通用可调夹具和成组夹具两种。前者的通用范围比通用夹具更大；后者则是一种专用可调夹具，它按成组原理设计并能加工一族相似的工件，故在多品种，中、小批生产中使用有较好的经济效果。

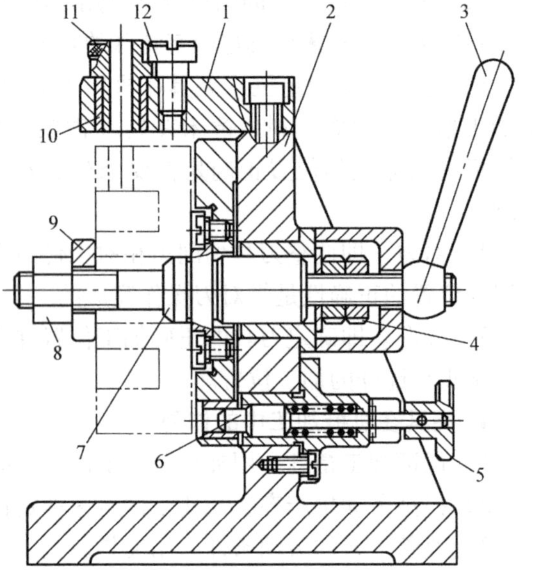

图 3-21　专用回转式钻模

1—钻模板　2—夹具体　3—手柄　4、8—螺母　5—把手　6—对定销　7—圆柱销　9—快换垫圈　10—衬套　11—钻套　12—螺钉

4）组合夹具（柔性夹具）。组合夹具是一种模块化的夹具。标准的模块元件有较高的精度和耐磨性，可组装成各种夹具；夹具用毕即可拆卸，留待组装新的夹具。由于使用组合夹具可缩短生产准备周期，元件能重复多次使用，并具有可减少专用夹具数量等优点，因此组合夹具在单件，中、小批多品种生产和数控加工中，是一种较经济的夹具。组合夹具也已商品化。

5）自动化生产用夹具。自动化生产用夹具主要分自动线夹具和数控机床用夹具两大类。自动线夹具有两种，一种是固定式夹具；另一种是随行夹具。数控机床夹具还包括加工中心用夹具和柔性制造系统用夹具。随着制造的现代化，在企业中数控机床夹具的比例正在增加，以满足数控机床的加工要求。数控机床夹具的典型结构是拼装夹具，即利用标准的模块组装成的夹具。

（二）工件的定位原理

1. 工件的装夹

定位与夹紧是装夹工件的两个有联系的过程。在工件定位以后，为了使工件在切削力等作用下能保持既定的位置不变，通常还需再夹紧工件，将工件紧固，因此它们之间是不相同的。若认为工件被夹紧后，其位置不能动了，所以也就定位了，这种理解是错误的。此外，还有些机构能使工件的定位与夹紧同时完成，例如自定心卡盘等。

2. 工件的定位

加工时，为了保证工件的加工要求，特别是为了保证本工序（本次安装）加工出来的表面相对于在此以前已经获得的表面间的位置要求，必须使工件相对于刀具及切削成形运动（通常由机床提供）处于一个正确的位置。这就是广义的工件的定位的概念。

获得正确位置的方法有两种：一种是根据刀具及切削成形运动的位置直接逐个调整被加工工件的位置，这种方法称为找正法，适用于单件小批量生产。另一种是使用夹具，这时，工件不需要按刀具位置及切削成形运动方向逐件找正位置，适用于加工成批工件。

使用夹具时，为了保证工件在加工过程中的正确位置，需要有两方面措施。一方面是使夹具相对于刀具及切削成形运动占有正确位置。这一措施（或过程）称为夹具的对定。另一方面是使工件在夹具中占有正确位置，这一措施（或过程）称为工件的定位。这就是狭义的定位的概念。

夹具通常用于加工成批工件，本节所要讨论的是工件在夹具中的定位问题，就是使工件多次重复放置到夹具中时都能占据同一位置。对于一批工件来说，也就是每个工件放置到夹具中时都能占据同一位置。工件的定位是依靠定位装置、在夹紧工件之前或夹紧过程中实现的。

工件在定位时应解决两个问题：首先是要解决工件位置“定与不定”的问题，也就是使工件在宏观上得到定位，这个问题需要根据六点定位原理，通过消除工件相应的“自由度”来解决；其次是要解决工件位置定得“准与不准”的问题，也就是要保证工件上某些点、线或表面（工序基准）的位置精度，这个问题需要通过选择合适的定位基准和选择、设计相应的定位元件（或装置）来解决。

在机械加工实施中，必须使得工件达到图样要求和被加工表面的技术要求，夹具作为重要的工艺装备之一，其主要作用是保证加工精度。首先应保证工件在加工前和加工过程中的正确位置，即一批工件在夹具中占有正确的位置。此外，夹具在应用和设计中还需要保证夹具在机床上的正确位置；刀具相对夹具的正确位置。

工件在加工前的正确位置，即一批工件在夹具中占有正确的位置，是完成工件在夹具中定位的任务，也是夹具应用和设计中首先要解决的关键问题。定位方案定夺时应遵循以下原则：

1）遵循基准重合原则。即使定位基准与工序基准重合。在多工序加工时，还应遵循基准统一原则。

2）合理选择主要定位基准。主要定位基准应有较大的支承面和较高的精度。

3）便于工件的装夹和加工，并使夹具的结构简单。

工件在加工过程中应保持加工位置正确，即当受到各种外力的作用时，能保证和保持定位位置的准确。这是夹具应用和设计解决的另一个重要问题，即夹紧问题。

3. 工件的自由度

一个尚未定位的工件，其位置是不确定的。如图 3-22 所示，在空间直角坐标系中，工件可沿 x、y、z 轴有不同的位置，也可以绕 x、y、z 轴回转方向有不同的位置。它们分别用 $\vec{x}$、$\vec{y}$、$\vec{z}$ 和 $\overset{\frown}{x}$、$\overset{\frown}{y}$、$\overset{\frown}{z}$ 表示。这种工件位置的不确定性，通常称为自由度。其中 $\vec{x}$、$\vec{y}$、$\vec{z}$ 分别称为沿 x、y、z 轴线方向的自由度；$\overset{\frown}{x}$、$\overset{\frown}{y}$、$\overset{\frown}{z}$ 分别称为绕 x、y、z 轴回转方向的自由度。定位的任务，首先是消除工件的自由度。

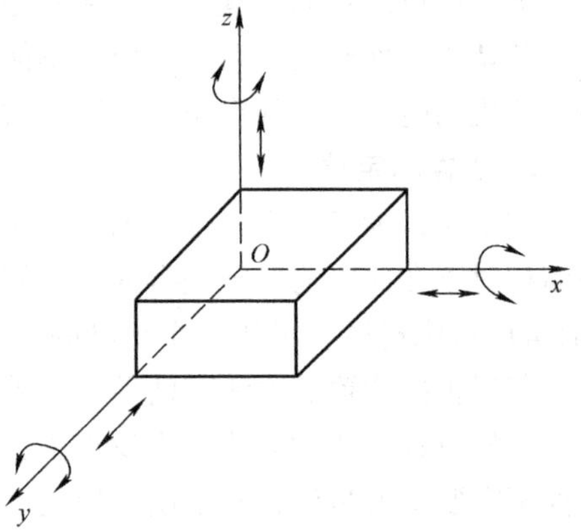

图 3-22　工件的六个自由度

（1）六点定位原理

1）六点定位规则。工件在直角坐标系中有六个自由度（$\vec{x}$、$\vec{y}$、$\vec{z}$、$\overset{\frown}{x}$、$\overset{\frown}{y}$、$\overset{\frown}{z}$），夹具用合理分布的六个支承点限制工件的六个自由度，即用一个支承点限制工件的一个自由度的方法，使工件在夹具中的位置完全确定。

2）定位点分布的规律。工件的定位基准是多种多样的，故各种形态的工件的定位支承点分布将会有所不同。下面分析完全定位时，几种典型工件的定位支承点分布规律。

①平面几何体的定位。如图 3-23 所示，工件以 A、B、C 三个平面为定位基准，其中 A 面最大，设置成三角形布置的三个定位支承点 1、2、3，当工件的 A 面与该三点接触时，限制 $\overset{\frown}{x}$、$\overset{\frown}{y}$、$\vec{z}$ 三个自由度；B 面较狭长，在沿平行于 A 面方向设置两个定位支承点 4、5，当侧面 B 与该两点相接触时，即限制 $\vec{x}$、$\overset{\frown}{z}$ 两个自由度；在最小的平面 C 上设置一个定位支承点 6，限制 $\vec{y}$ 一个自由度。

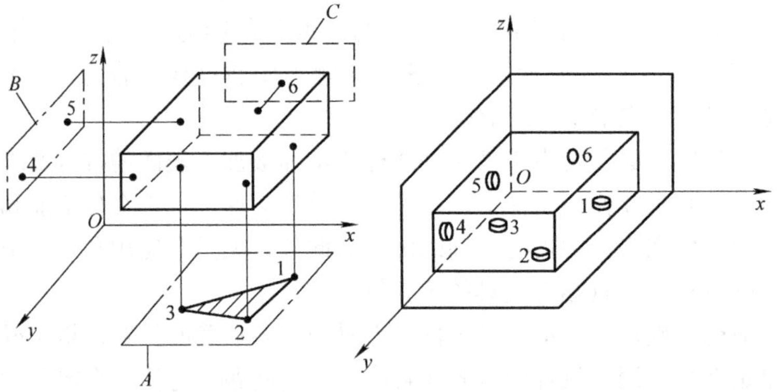

图 3-23　平面几何体的定位

用图 3-23 中设置的六个定位支承点，可使工件完全定位。由于定位是通过定位点与工件的定位基面相接触来实现的，两者一旦脱离，定位作用就自然消失了。在实际定位中，定位支承点并不一定就是一个真正直观的点，因为从几何学的观点分析，成三角形的三个点为一个平面的接触；同样成线接触的定位，则可认为是两点定位。进而也可说明在这种情况下，“三点定位”或“两点定位”仅是指某种定位中，数个定位支承点的综合结果，而非某一定位支承点限制了某一自由度。

②圆柱几何体的定位。如图 3-24 所示，工件的定位基准是长圆柱面的轴线、后端面和键槽侧面。长圆柱面采用中心定位，外圆与 V 形块呈两直线接触（定位点 1、2；定位点 4、5），限制了工件的 $\vec{x}$、$\vec{z}$、$\overset{\frown}{x}$、$\overset{\frown}{z}$ 四个自由度；定位支承点 3 限制了工件的 $\vec{y}$ 一个自由度；定位支承点 6 限制了工件绕 y 轴回转方向的自由度 $\overset{\frown}{y}$。这类几何体的定位特点是以中心定位为主，用两条直（素）线接触作“四点定位”，以确定轴线的空间位置。

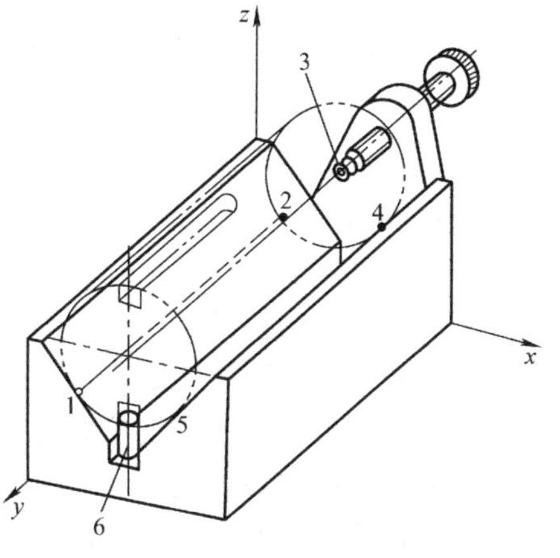

图 3-24　圆柱几何体的定位

如图 3-25a 所示，确定轴线 A 的位置所需限制的自由度为 $\vec{x}$、$\vec{z}$、$\overset{\frown}{x}$、$\overset{\frown}{z}$，而其余两个自由度与轴线的位置无关。这类定位的特点是键槽（或孔）处的定位点与加工面有一圆周角关系，为此设置的定位支承称防转支承，如图 3-25b 所示，在槽 T 处设置一防转支承，以保证槽与加工面的角度 α。防转支承应布置在较大的转角半径 r 处。

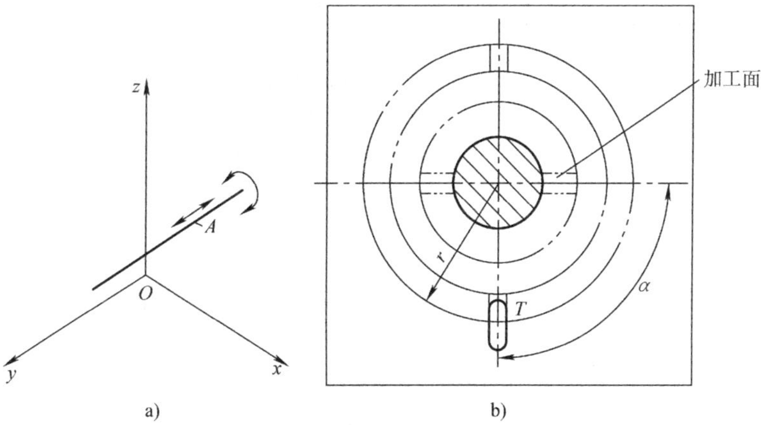

a)　　b)

图 3-25　防转支承设置

a）与轴线位置无关的两个自由度　b）防转支承的布置

③圆盘几何体的定位。如图 3-26 所示，圆盘几何体可以视作圆柱几何体的变形，即随着圆柱面的缩短，圆柱面的定位功能也相应减少，图中由定位销的定位支承点 5、6 限制了工件的 $\vec{y}$、$\vec{z}$ 两个自由度；相应地，几何体的端面上升为主要定位基准，由定位支承点 1、2、3 限制了工件的 $\vec{x}$、$\overset{\frown}{y}$、$\overset{\frown}{z}$ 自由度；防转支承点 4 限制了工件的 $\overset{\frown}{x}$ 自由度。

3）注意事项。根据上述三种典型定位示例的分析，在应用六点定位规则时必须注意以下主要问题：

①定位支承点的合理分布主要取决于定位基准的形状和位置，定位支承点的分布是不能随意组合的。

②工件的定位，是工件以定位面与夹具的定位元件的工作面保持接触或配合实现的。一旦工件定位面与定位元件工作面脱离接触或配合，就丧失了定位作用。

③工件定位以后，还要用夹紧装置将工件紧固。因此要区分定位与夹紧的概念。

④定位支承点所限制的自由度名称，通常可按定位接触处的形态确定，其特点见表 3-1。定位点分布应该符合几何学的观点。

⑤有时定位点的数量及其布置不一定如示例那样明显直观，如自动定心定位就是这样。图 3-27 所示是一个以内孔为定位面的自动定心定位原理图。工件的定位基准为中心要素圆的中心轴线。从一个截面上看，夹具有三个点与工件接触，似为三点定位。实际上这种定位只消除了 $\vec{x}$ 和 $\vec{z}$ 两个自由度，是两点定位。该夹具采用六个接触点，只限制工件长圆柱面的 $\vec{x}$、$\vec{z}$、$\overset{\frown}{x}$、$\overset{\frown}{z}$ 四个自由度。在自动定心定位中，应注意这个问题。

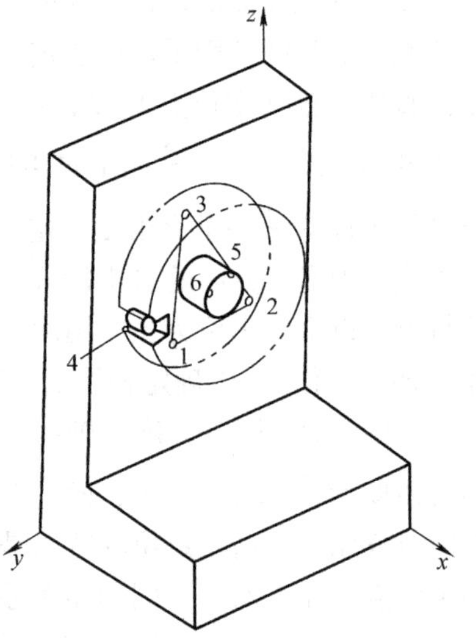

图 3-26　圆盘几何体的定位

表 3-1　典型单一定位基准的定位特点

定位接触形态	限制自由度数	自由度类别	特　　点
长圆锥面接触	5	三个沿坐标轴方向（平移） 两个绕坐标轴方向（转动）	可作主要定位基准
长圆柱面接触	4	两个沿坐标轴方向（平移） 两个绕坐标轴方向（转动）	
大平面接触	3	一个沿坐标轴方向（平移） 两个绕坐标轴方向（转动）	
短圆柱面接触	2	两个沿坐标轴方向（平移）	不可作主要定位基准， 只能与主要基准组合定位
线接触	2	一个沿坐标轴方向（平移） 一个绕坐标轴方向（转动）	
点接触	1	一个沿坐标轴方向（平移） 或绕坐标轴方向（转动）	

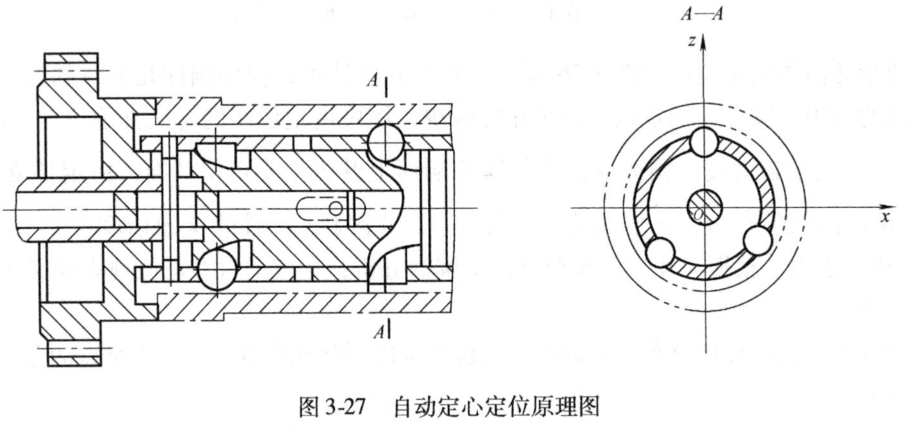

图 3-27　自动定心定位原理图

（2）完全定位与不完全定位　正确的定位形式有完全定位和不完全定位两种。

①完全定位。完全定位是不重复地限制工件的六个自由度的定位，适合较复杂工件的加工。

②不完全定位。不完全定位是根据实际加工情况，在满足加工要求下，不需要限制工件全部自由度的定位。图3-28所示为不完定位的示例，它们在保证加工要求的条件下，仅限制了工件的部分自由度。如图3-28a所示的圆锥面中心定位，限制了工件的$\vec{x}$、$\vec{y}$、$\vec{z}$、$\overset{\curvearrowright}{x}$、$\overset{\curvearrowright}{z}$五个自由度。图3-28b所示的平面支承限制了工件的$\vec{x}$、$\vec{z}$、$\overset{\curvearrowright}{x}$、$\overset{\curvearrowright}{y}$、$\overset{\curvearrowright}{z}$五个自由度。图3-28c、d所示的工件加工面相同，前者需限制工件的$\vec{x}$、$\vec{z}$、$\overset{\curvearrowright}{x}$、$\overset{\curvearrowright}{y}$、$\overset{\curvearrowright}{z}$五个自由度；后者无两槽之间的位置要求，则可不必限制自由度$\overset{\curvearrowright}{y}$，即限制自由度为$\vec{x}$、$\vec{z}$、$\overset{\curvearrowright}{x}$、$\overset{\curvearrowright}{z}$。图3-28e所示的平板状工件的定位，仅限制了工件的$\vec{z}$、$\overset{\curvearrowright}{x}$、$\overset{\curvearrowright}{y}$三个自由度，它是常见的定位中定位点较少的一种。

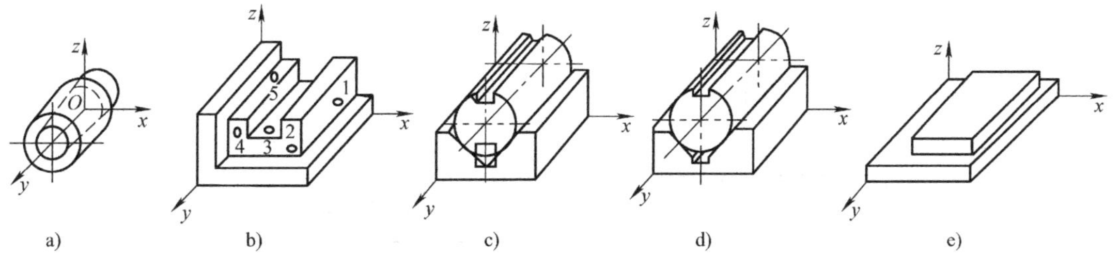

图3-28　不完全定位示例

（3）欠定位与过定位

1）欠定位。欠定位是一种定位不足而影响加工的现象。也就是加工应该限制的自由度没有被限制。例如，图3-28c中，若不设置防转的定位销，则工件的$\overset{\curvearrowright}{y}$自由度就不能得到限制，也就无法保证两槽间的位置要求，因此是不允许的。通常只要仔细分析定位点的作用，欠定位是可以防止的。

2）过定位。过定位是指定位时工件的同一自由度被数个定位元件重复限制。过定位的情况较复杂，如图3-29所示，加工平面对A面有垂直度公差要求。若用夹具的两个大平面A、B实现定位，即工件的A面限制$\vec{x}$、$\overset{\curvearrowright}{y}$、$\overset{\curvearrowright}{z}$三个自由度，$B$面限制了$\vec{z}$、$\overset{\curvearrowright}{x}$、$\overset{\curvearrowright}{y}$三个自由度，其中自由度$\overset{\curvearrowright}{y}$被$A$、$B$面同时重复限制。由图可见，当工件处于图3-29a所示加工位置时，可保证垂直度要求；而当工件处于图3-29b所示加工位置时，则不能保证垂直度要求。这种随机的误差造成了定位的不稳定，严重时会引起过定位干涉。

3）减少过定位干涉的措施。

①减小接触面积。如图3-29c所示，把定位的面接触改为线接触，即减去了引起过定位的自由度$\overset{\curvearrowright}{y}$。

②改变定位元件形状，以减少定位支承点。如图3-30所示，将圆柱定位销改为菱形销，使定位销在干涉部位（z方向）不接触，即减去了引起过定位的自由度$\vec{z}$。

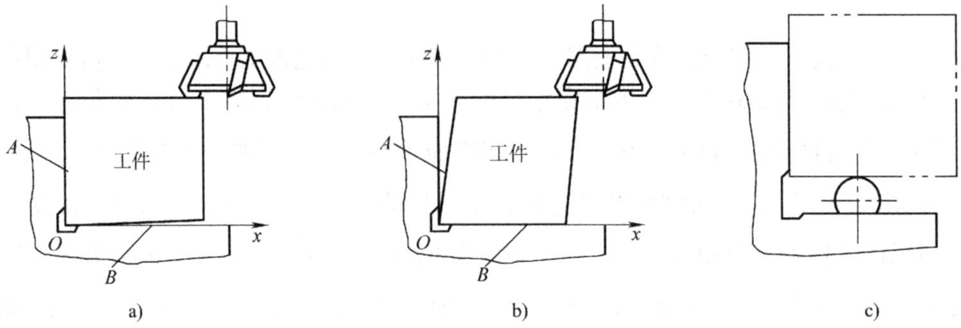

图3-29　过定位及其消除方法示例之一

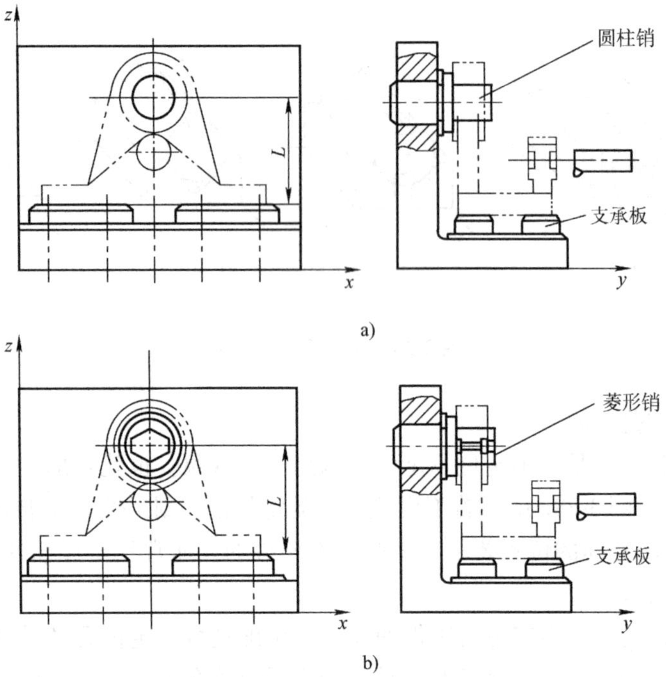

图3-30　过定位及其消除方法示例之二

a）过定位　b）把圆柱销定位改为菱形销

③缩短圆柱面的接触长度。

④设法使过定位的定位元件在干涉方向上能浮动，以减少实际支承点数目。如图3-31所示的可浮动的定位元件，分别在$\vec{z}$（图3-31a）、$\vec{x}$（图3-31b）和$\overset{\frown}{y}$、$\overset{\frown}{z}$（图3-31c）方向上浮动，从而消除了过定位。

⑤拆除过定位元件。在机械加工中，对于一些特殊结构的定位，其过定位是不可避免的。如图3-32所示的导轨面定位，由于接触面较多，故都存在着过定位，其中双V形导轨的过定位就相当严重。像这类特殊的定位，应设法减少过定位的有害影响。

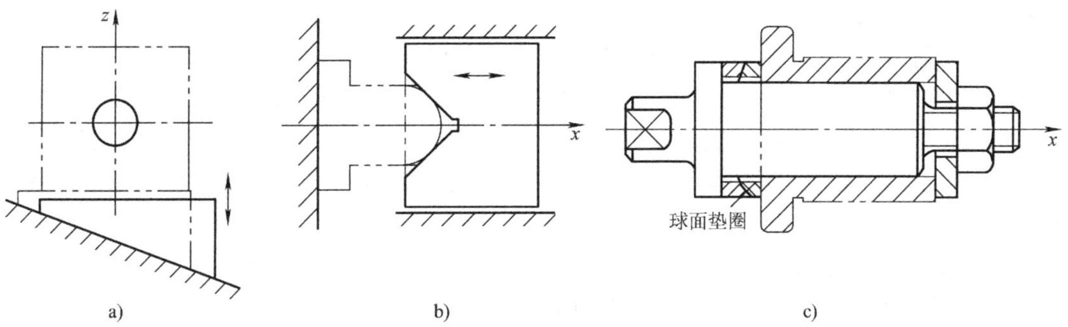

图 3-31　可浮动定位元件的浮动方向

a）可浮动的平面支承（$\vec{z}$）　b）可浮动的 V 形块（$\vec{x}$）　c）球面垫圈（$\overset{\frown}{y}$、$\overset{\frown}{z}$）

由于过定位的干涉是相关的定位基准和定位元件的误差所引起的，故当工艺上采取措施将它们的误差减小到一定程度时，即可把定位的影响减小到最低限度。通常，上述导轨面均经过配刮，具有较高的精度，其中图 3-32c 所示结构用双圆柱 1、2 定位，已把过定位的影响减小到最小程度。

（4）对定位元件的要求　合理选择工件定位基准后，定位元件与其接触和配合则是至关重要。定位元件的结构、形状、尺寸及布置形式等的正确选用体现了夹具应用中的优化程度。根据工件的不同结构和加工技术要求，与之对应的定位元件也是结构种类繁多，常见的工件定位基准有平面、内孔、外圆表面，也有不同表面组合的表面。对定位元件的要求主要有以下几个方面：

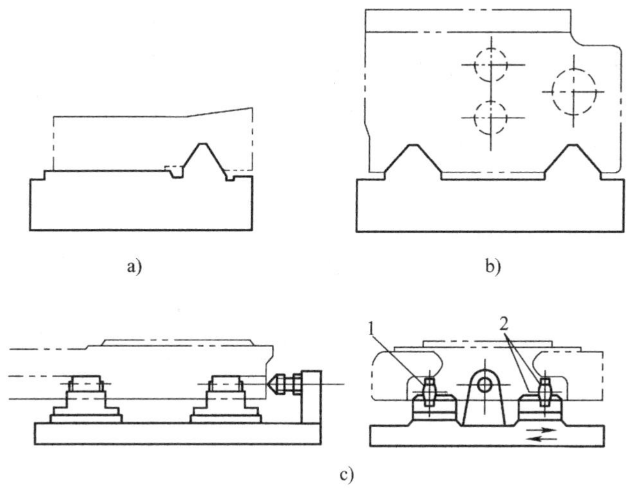

图 3-32　导轨面的过定位分析

a）V 形导轨　b）双 V 形导轨　c）用双圆柱定位的较好定位结构

1）足够的精度。由于定位误差的基准位移误差直接与定位元件的定位表面有关，因此，定位元件的定位表面应有足够的精度，以保证工件的加工精度。例如，V 形块的半角公差、V 形块的理论圆中心高度尺寸、圆柱心轴定位圆柱面的圆度、支承板的平面度公差等，都应有足够的制造精度。通常，定位元件的定位表面还应有较小的表面粗糙度值，如 $Ra0.4\mu m$、$Ra0.2\mu m$、$Ra0.1\mu m$ 等。

2）足够的储备精度。由于定位是通过工件的定位基准与定位元件的定位表面相接触来实现的，而工件的装卸将会使定位元件磨损，从而导致定位精度下降。为了提高夹具的使用寿命，定位元件表面应有较高的硬度和耐磨性。特别是在产品较固定的大批量生产中，应注意提高定位元件的耐磨性，以使夹具有足够的储备精度。通常工厂可以按生产经验和工艺资料对主要定位元件，如 V 形块、心轴等制订磨损公差，以保证夹具在使用周期内的精度。

不同的材料有不同的力学性能，定位元件常用的材料有优质碳素结构钢20钢、45钢、65Mn，工具钢T8、T10，合金结构钢20Cr、40Cr、38CrMoAl等。

3）足够的强度和刚度。通常对定位元件的强度和刚度是不作校核的，但是在设计时仍应注意定位元件危险断面的强度，以免在使用中损坏；而定位元件的刚度也往往是影响加工精度的因素之一。因此，可用类比法来保证定位元件的强度和刚度，以缩短夹具设计的周期。

4）应协调好与有关元件的关系。在定位设计时，还应处理、协调好与夹具体、夹紧装置、对刀导向元件的关系。有时定位元件还需留出排屑空间等，以便于刀具进行切削加工。

5）良好的结构工艺性。定位元件的结构应符合一般标准化要求，并应满足便于加工、装配、维修等工艺性要求。通常标准化的定位元件有良好的工艺性，设计时应优先选用标准定位元件。

4. 定位基准

定位基准是针对加工的工件而言的，选择工件上合理的定位基准是一个关键问题。工件的定位基准一旦被确定，则其定位方案也基本上被确定。通常定位基准是在制订工艺规程时选定的。如图3-33a所示，工件以平面A和B为定位基准，靠在支承元件上得到定位，以保证工序尺寸H、h。图3-33b所示，工件以素线C、F为定位基准。定位基准除了工件上的实际表面（轮廓要素面、点或线）外，也可以是中心要素，如几何中心、对称中心线或对称中心平面。如图3-33c所示，定位基准是两个与V形块接触的点D、E的几何中心O，这种定位称为中心定位。

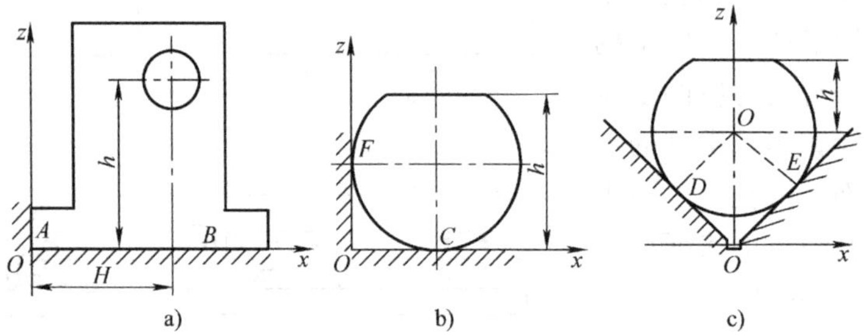

图3-33　定位基准

a）基准为工件表面　b）基准为工件素线　c）基准为工件几何中心（中心要素）

工件的定位基准在夹具上是与定位元件接触或者配合的。在应用夹具时，从减小加工误差考虑，应尽可能选用工序基准为定位基准，即遵循所谓基准重合原则。当用多个表面定位时，应选择其中一个较大的表面为主要定位基准。

（三）工件的夹紧

1. 夹紧装置

（1）夹紧装置的组成　在机械加工过程中，为保持工件定位时所确定的正确加工位置，防止工件在切削力、惯性力、离心力及重力等作用下发生位移和振动，一般机床夹具都应有一个夹紧装置，将工件夹紧。

夹紧装置分为手动夹紧和机动夹紧两类。根据结构特点和功用，典型的夹紧装置由三部分组成，如图3-34所示。

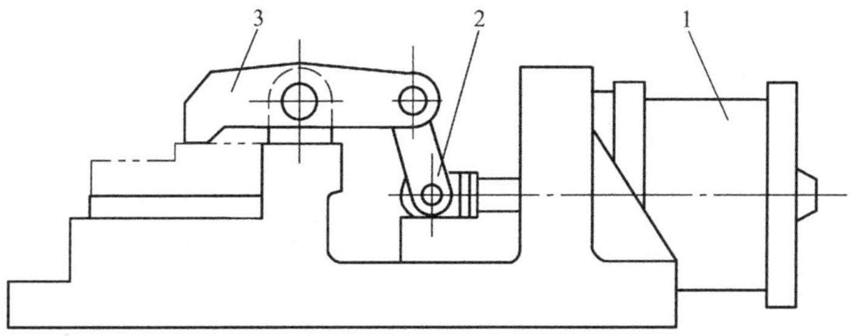

图 3-34　夹紧装置的组成

1—力源装置　2—中间传力机构　3—夹紧元件

1）力源装置。它是产生夹紧力的装置。通常是指动力夹紧时所用的气压装置、液压装置、电动装置、磁力装置、真空装置等。手动夹紧时的力源由人力保证，没有力源装置。

2）中间传力机构。它是位于力源装置和夹紧元件之间的机构。通过它将力源装置产生的夹紧力传给夹紧元件，然后由夹紧元件最终完成对工件的夹紧。

3）夹紧元件。它是实现夹紧的最终执行元件。通过它和工件直接接触而夹紧工件。对于手动夹紧装置，夹紧机构由中间传力机构和夹紧元件所组成。

夹紧装置各组成部分之间的相互关系如图 3-35 所示。

（2）夹紧装置选择的基本要求　夹紧装置选择的合理与否，不仅关系到工件的加工质量，而且对提高生产效率，降低加工成本以及创造良好的工作条件等诸方面都有很大的影响。选择的夹紧装置应满足下列基本要求。

1）夹紧过程中，不改变工件定位时所确定的正确加工位置。

2）夹紧力的大小要可靠和适当，既要保证工件在整个加工过程中不产生移动或振动，又要不使工件产生过大的夹紧变形和损伤。

3）夹紧装置的自动化和复杂程度与产品的生产类型相适应，在保证生产率的前提下，其结构要力求简单，以便于制造和维修。

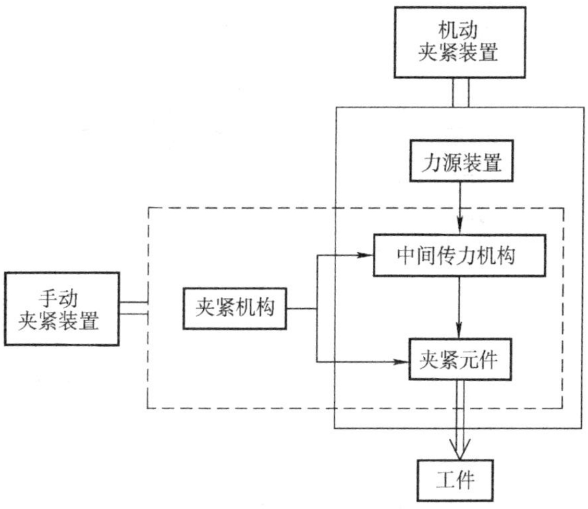

图 3-35　夹紧装置组成的方框图

4）夹紧装置的操作应当安全、方便、省力。

2. 夹紧力

选择夹紧装置时，首先应合理地确定夹紧力的三要素，即方向、大小和作用点，应依据工件的结构特点、加工要求，并结合工件加工中的受力状况及定位元件的结构和布置方式等综合考虑。

（1）夹紧力的方向

1）夹紧力的方向应有助于定位稳定，且主夹紧力应朝向主要定位基面。

如图3-36a所示，夹紧力的两个分力 F_{wz}、F_{wx} 分别朝向了定位基面，将有助于定位稳定；图3-36b中，夹紧力 F_w 的竖直分力 F_{wz} 背向定位基面，将使工件抬起。

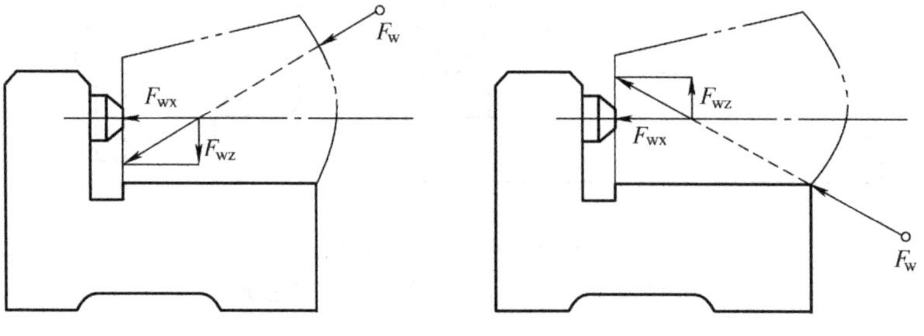

a)　　b)

图3-36　夹紧力的方向应有助于定位

a）正确　b）错误

又如图3-37a所示，工序简图中要求保证加工孔轴线与 A 面的垂直度。图3-37b、c中的 F_w 都不利于保证镗孔轴线与 A 面的垂直度。图3-37d中的 F_w 朝向了主要定位基面 A 面，则有利于保证加工孔轴线与 A 面的垂直度。

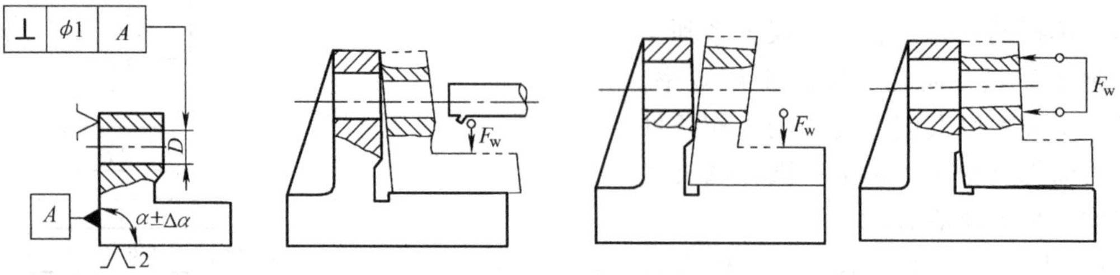

a)　　b)　　c)　　d)

图3-37　夹紧力应指向主要定位基面

a）工序简图　b）、c）错误　d）正确

2）夹紧力的方向应有利于减小夹紧力。图3-38所示为工件在夹具中加工时常见的几种受力情况。图3-38a中，夹紧力 F_w、切削刀 F 和重力 G 同向，所需的夹紧力最小；图3-38e中，需要由夹紧力产生的摩擦来克服切削力和重力，所需夹紧力最大。

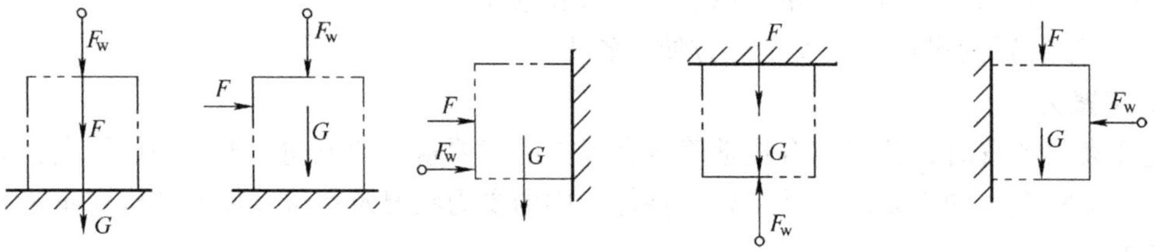

a)　　b)　　c)　　d)　　e)

图3-38　夹紧力方向与夹紧力大小的关系

在实际生产中，满足 F_w、F 及 G 同向的夹紧机构并不很多，故在机床夹具设计时要根据各种因素辩证分析、恰当处理。

3）夹紧力的方向应是工件刚度较高的方向。如图 3-39a 所示，薄套件径向刚度差而轴向刚度好，采用图 3-39b 所示方案，可避免工件发生严重的夹紧变形。

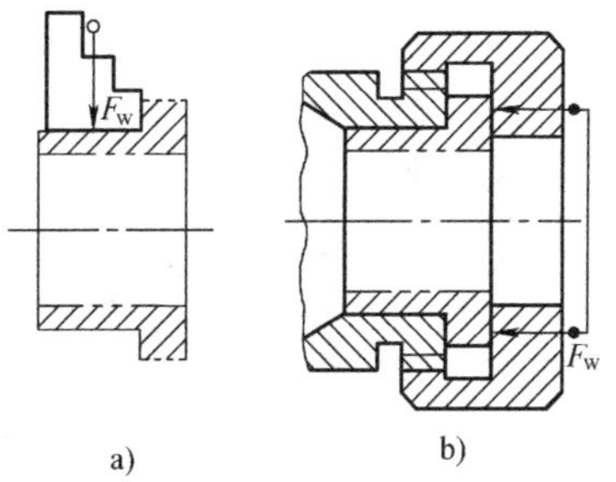

图 3-39　夹紧力方向与工件刚度的关系
a）径向夹紧　b）轴向夹紧

（2）夹紧力的作用点　夹紧力的方向确定后，应根据下述原则确定作用点的位置。

1）夹紧力的作用点应落在定位元件的支承范围内，如图 3-40 所示。

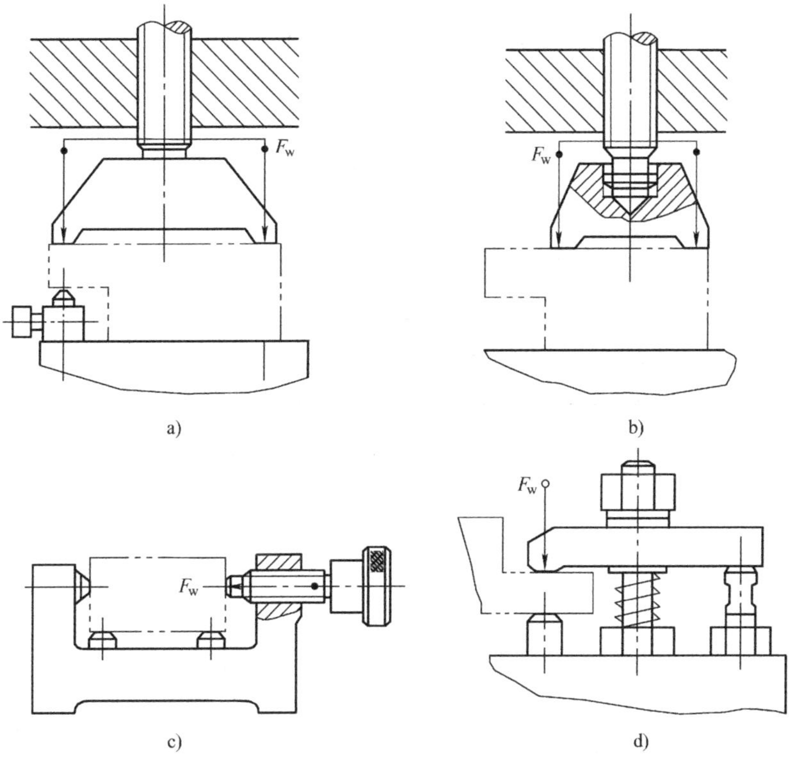

图 3-40　夹紧力作用点落在定位元件的支承范围内

如图 3-41 所示，夹紧力的作用点落到了定位元件支承范围之外，夹紧时将破坏工件的定位。

2）夹紧力的作用点应选在工件刚度较高的部位。如图 3-42 所示，工件的夹紧变形最小。

如图 3-43 所示，夹紧力作用点的选择会使工件产生较大的变形。

3）夹紧力的作用点应尽量靠近加工表面。作用点靠近加工表面可减小切削力对该点的力矩和减少振动。如图 3-44a、b 所示，在切削力大小相同的条件下，图 3-44a 所用的夹紧力较小；如图 3-44c、d 所示，克服相同的切削力矩时，图 3-44c 所用的夹紧力较小。

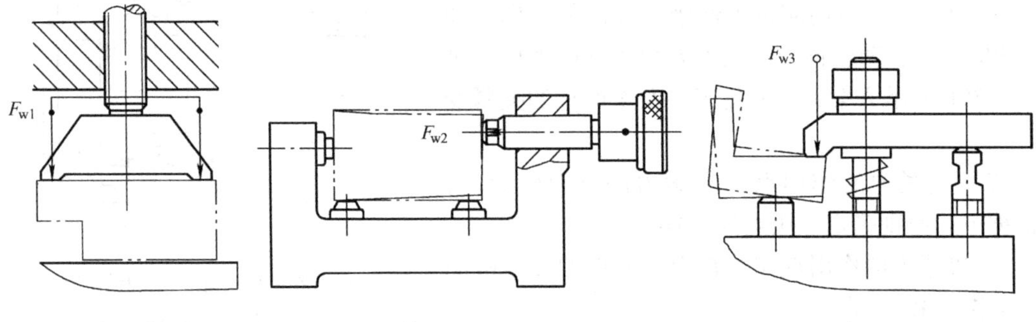

图 3-41　夹紧力作用点落在定位元件支承范围外

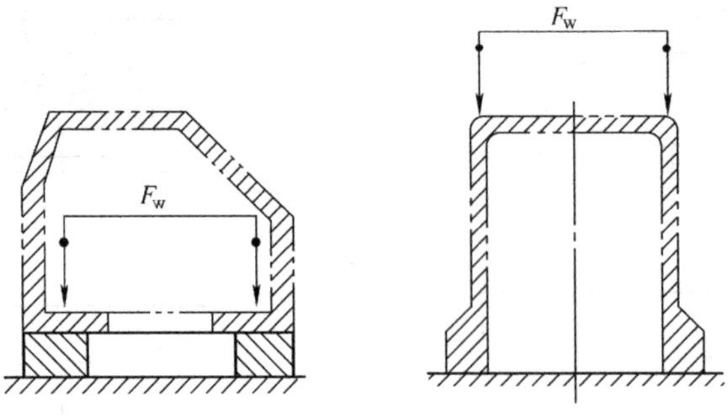

图 3-42　作用点在工件刚度高的部位

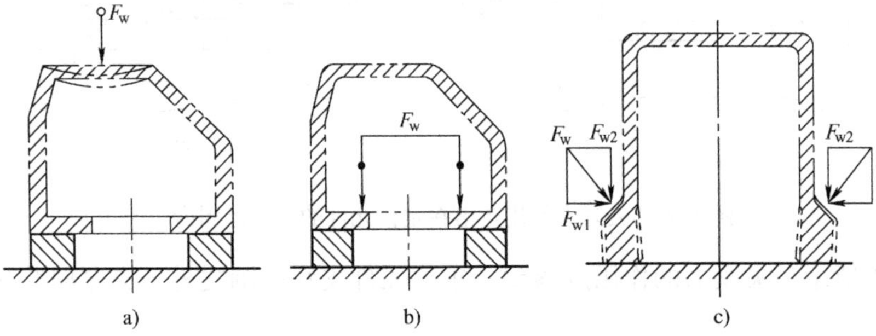

图 3-43　作用点在工件刚度差的部位

如图 3-45 所示，当作用点只能远离加工面，造成工件装夹刚度较差时，应在靠近加工面附近设置辅助支承，并施加辅助夹紧力 F_{w1}，以减小加工振动。

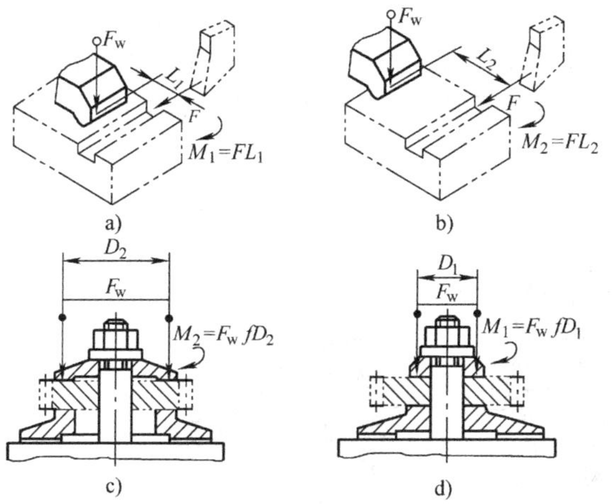

图 3-44　作用点应靠近工件加工表面

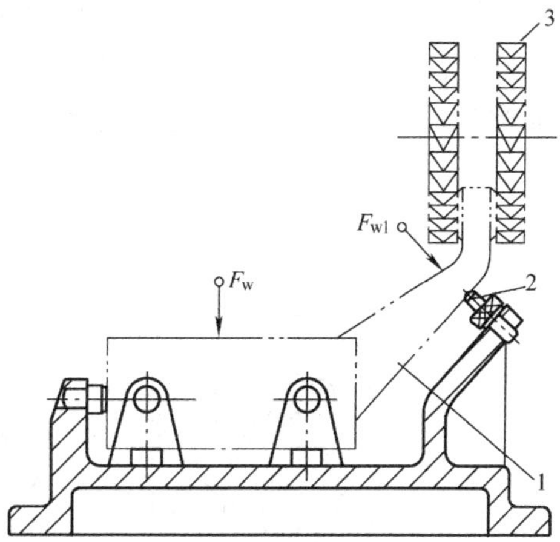

图 3-45　增设辅助支承和辅助夹紧力

1—工件　2—辅助支承　3—铣刀

（3）夹紧力大小的估算　理论上，夹紧力的大小应与作用在工件上的其他力（力矩）相平衡；而实际上，夹紧力的大小还与工艺系统的刚度、夹紧机构的传递效率等因素有关，计算是很复杂的。因此，实际设计中常采用估算法、类比法和试验法确定所需的夹紧力。

（四）车床通用夹具的选用

通用夹具是指结构、尺寸已规格化，且具有一定通用性的夹具，其特点是适应性强、不需调整或稍加调整即可装夹一定形状和尺寸范围内的各种工件。这类夹具已商品化，且成为机床附件。

卧式车床用的通用夹具主要有卡盘、花盘、顶尖、中心架、跟刀架等，根据各种工件的形状和大小不同，可选择不同的夹具来安装工件。

1. 自定心卡盘

自定心卡盘是车床上最常用的夹具，它装夹方便，自动定心。不同规格的卡盘，都有一个夹持范围（超出范围因夹持力不够容易损坏卡盘），可根据工件的大小来选择卡盘的大小。自定心卡盘的卡爪有正爪和反爪，正爪可夹外圆，也可以撑内孔，反爪只能夹直径较大的零件（图 3-46）。新的卡盘的定心精度相对较高，但经使用后因卡爪等的磨损，定心精度容易受损。工件上同轴度要求较高的表面，应尽可能在一次装夹中车出。

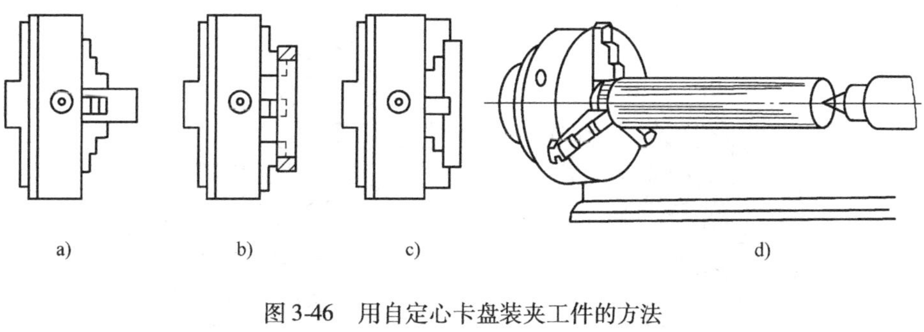

图 3-46　用自定心卡盘装夹工件的方法

a）正爪夹外圆　b）正爪撑内孔　c）反爪夹大直径　d）与顶尖配合使用

（1）自定心卡盘的结构　自定心卡盘是由爪盘体 1、小锥齿轮 2、大锥齿轮 3（另一端是平面螺纹）和三个卡爪4组成，如图3-47所示。三个卡爪上有与平面螺纹相同的螺牙并与之配合，三个卡爪在爪盘体中的导槽中呈120°均布。爪盘体的锥孔与车床主轴前端的外锥面配合，起对中作用，并通过键来传递转矩，最后用螺母将爪盘体锁紧在主轴上。

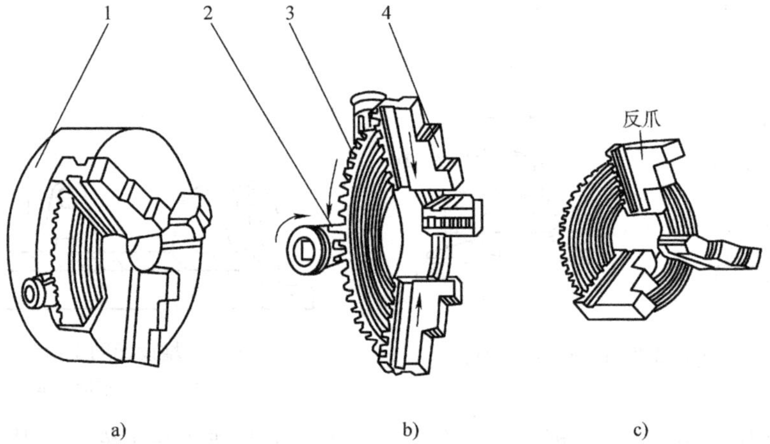

图3-47　自定心卡盘

1—爪盘体　2—小锥齿轮　3—大锥齿轮　4—卡爪

（2）自定心卡盘的工作原理　当转动其中一个小锥齿轮时，即带动大锥齿轮转动，其上的平面螺纹又带动三个卡爪同时在爪盘体的三条T形槽内向中心或者向外移动，从而实现自动定心。

（3）安装工件　用自定心卡盘安装工件的方法如图3-46所示，可按下列步骤进行：

1）工件在卡爪间放正，轻轻夹紧。

2）放下安全罩，开动机床，使主轴低速旋转，检查工件有无偏摆。若有偏摆应停机，用小锤轻敲找正，然后紧固工件。紧固后，必须取下扳手，并放下安全罩。

3）移动车刀至车削行程的左端。用手旋转卡盘，检查刀架是否与卡盘或工件碰撞。

2. 单动卡盘

单动卡盘也是车床上常用的卡盘之一。单动卡盘上的四个卡爪分别通过转动螺杆而沿四个方向单独运动，如图3-48所示。因它是单动的，因此它对工件的安装要求比较高，完全靠人工的技术决定工件的安装精度。在工件安装时，一般先在工件的外加工表面划线，用顶

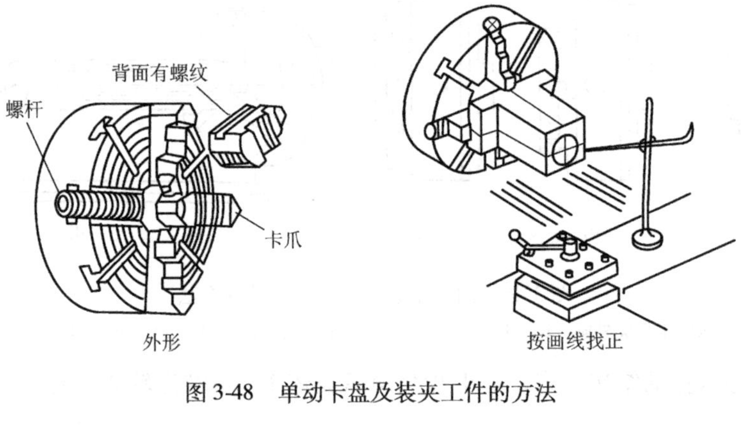

图3-48　单动卡盘及装夹工件的方法

尖或者划线盘来找正工件的位置，一边调整一边找正。单动卡盘的夹紧力大，适于夹持较大的圆柱形工件和形状不规则的工件。

用单动卡盘装夹工件时，按以下步骤进行：

1）按工件的大小，调整卡盘中任意两个呈90°的卡爪到一定的位置。

2）装上工件，调整另两个卡爪至夹紧状态，但夹紧力不要太大，能夹紧不掉为好。

3）用划线盘或尾座顶尖对工件划线或对基准面进行粗找正。

4）对工件粗找正到一定位置时，对工件进行夹紧。

5）对工件进行试切、测量、调整、再试切、测量，达到图样要求。

6）当工件加工完工后，对工件定位基准对面的两个卡爪进行标识（用粉笔等）。

7）在以后的拆装过程中，只移动有标识的卡爪，其余两个不动，以防基准转换，影响工件的加工精度。

3. 花盘

花盘比法兰盘直径要大，一般接近机床的加工直径，花盘上还有沿径向分布的长短不一的导槽，以及在端面上分布着一定直径的小槽。径向槽主要用来安装夹紧螺钉，可根据工件的大小调整螺钉的位置。直径方向的小槽，主要用于安装工件时对工件进行粗定位。工件安装到花盘上，并用压板、角铁、螺钉、螺母等进行固定，按加工前划线进行找正，然后夹紧。在加工前要判定工件安装是否平衡，如失衡过大，要进行适当配重，以防振动。图3-49所示为花盘装夹工件的实例。

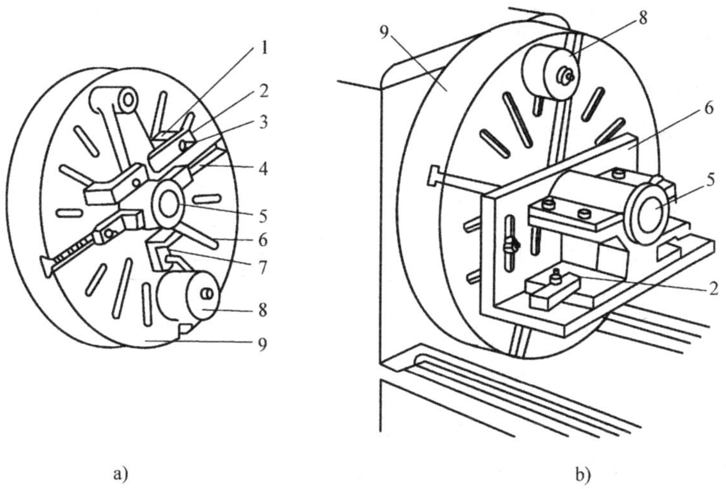

图3-49　花盘装夹工件

a）花盘上装夹工件　b）花盘与弯板配合装夹工件

1—垫铁　2—压板　3—压板螺钉　4—T形槽　5—工件

6—弯板　7—可调螺钉　8—配重铁　9—花盘

4. 顶尖

常用的顶尖分为固定顶尖和活动顶尖，如图3-50所示。

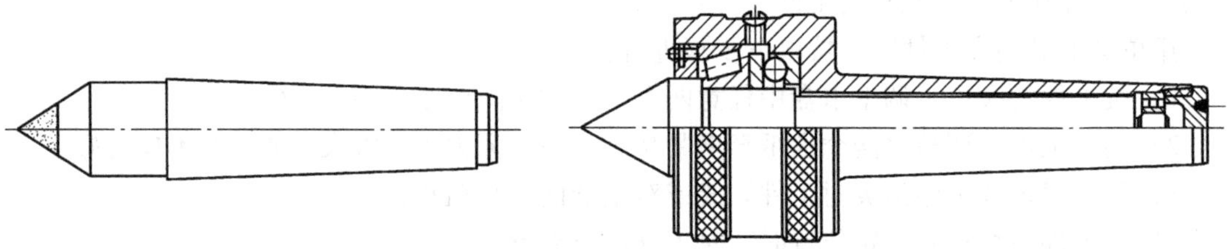

a)　　　　b)

图 3-50　顶尖

a）固定顶尖　b）活顶尖

（1）固定顶尖　固定顶尖又分为普通固定顶尖、硬质合金固定顶尖和梅花形硬质合金固定顶尖。

1）普通固定顶尖。一般用碳素工具钢制作。用在工件转速很慢或是顶尖与工件之间没有相对运动的情况下，否则顶尖容易退火，失去作用。

2）硬质合金固定顶尖。是一种最常用的顶尖，就是在普通顶尖的尖部焊上一种硬质合金材料，表面光滑，摩擦力小，硬质合金一般不会退火，顶尖比较稳定。

3）梅花形硬质合金固定顶尖。顶尖的圆锥面四周有几个凹形面，形状像梅花，工件与顶尖接触面积少，不容易发热，一般用于精加工。

（2）活动顶尖　工件与顶尖相对不动，顶尖与外壳作相对运动，根据顶尖的精度来决定加工工件的精度，一般这种顶尖精度较高。

（3）工件在两顶尖之间的安装（拨盘、鸡心夹头、顶尖三种附件配合使用）　较长或加工工序较多的轴类工件，为保证工件同轴度要求，常采用两顶尖装夹的方法，如图 3-51a 所示。工件支承在前后两顶尖间，由卡箍、拨盘带动旋转。前顶尖装在主轴锥孔内，与主轴一起旋转。后顶尖装在尾座锥孔内，固定不转。有时也可用自定心卡盘代替拨盘（图 3-51b），此时前顶尖用一段钢棒车成，夹在自定心卡盘上，卡盘的卡爪通过鸡心夹头带动工件旋转。

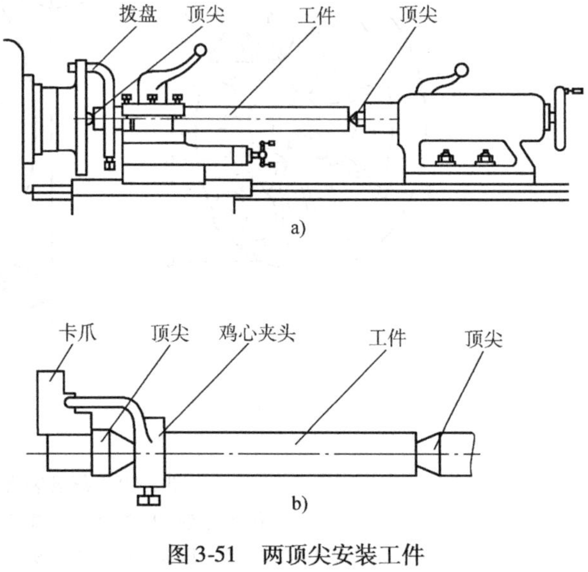

a)　　b)

图 3-51　两顶尖安装工件

a）用拨盘两顶尖安装工件

b）用自定心卡盘代替拨盘安装工件

（4）工件在心轴上的安装　精加工盘套类零件时，如孔与外圆的同轴度、孔与端面的垂直度要求较高时，工件需在心轴上装夹，如图 3-52 所示。这时应先加工孔，然后以孔定位安装在心轴上，再一起安装在两顶尖上进行外圆和端面的加工。

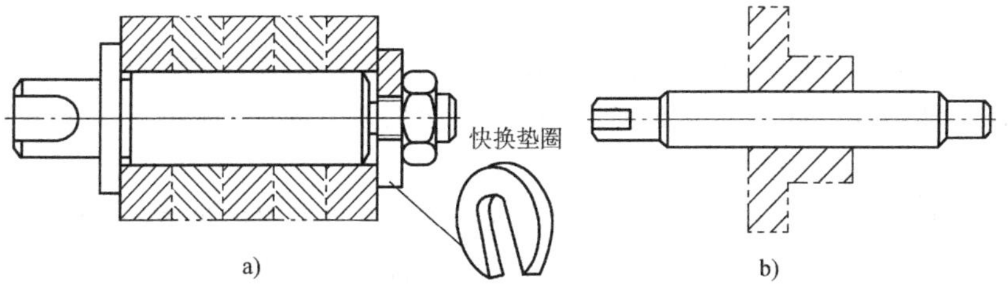

图 3-52　心轴装夹工件

a）圆柱心轴装夹工件　b）圆锥心轴装夹工件

5. 中心架

中心架是指支承在工件中心的支承架。根据工件的支承需要，将中心架固定在车床的床身上。利用床身上的尾座导轨进行定位，根据工件的直径大小调整三个支承爪伸出的长度。

中心架一般用在两个方向。第一，当加工细长轴（外露长度为直径的 20 倍）时，由于工件本身刚度不好，车削时容易产生变形，形成两端尺寸小，中间尺寸大，这时可用中心架来支承，以增加工件的刚度。具体的做法为先在工件的中心位置加工一段支承档，在适当的位置装上中心架，再将工件装上车床，夹紧；将车床主轴的转速调至 80 ~ 100r/min，一边转动工件，一边调整中心架的三个支承脚，使三个支承脚均匀地与工件接触。在加工过程中，三个支承脚要经常润滑。当工件与支承脚接触不良时，可适当地对支承脚进行研磨。用这种方法加工工件，不能一次装夹完成，有它的局限性，一般用得较少，主要用于两端尺寸不同，可分头加工的零件。第二，当加工大直径（以不能放入主轴中间通孔为准）的轴类零件的端面、中心孔、内孔等时，用中心架支承一端，提高支承效果，降低工件加工的扭力。具体的安装方式与第一种相同，所不同的就是装在工件的外露端。图 3-53 所示为中心架使用实例。

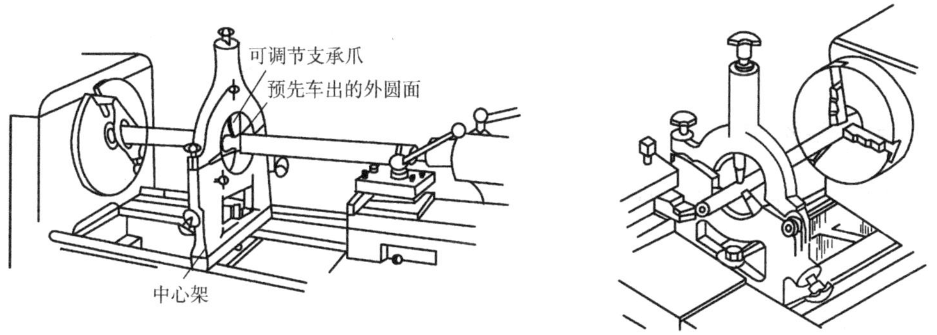

图 3-53　用中心架车削外圆、内孔及端面示意图

使用中心架的操作步骤：

1）将中心架定位面擦净，装上车床导轨面，目测调整到一定位置。

2）将中心架下架体上的两个支承爪伸到一定的位置。

3）打开中心架的上架体。

4）加工细长轴时，工件一端用自定心卡盘夹持，另一端用顶尖顶住。加工直径较大、而工件又长或者无中心孔可用时，工件的一端用自定心卡盘夹持，另一端放在中心架下架体的两个支承爪上。

5）调整中心架的正确位置，固定中心架，合上上架体，并拧紧螺钉。

6）慢速转动工件，调整三个支承爪的位置，使爪与工件均匀接触，并轻轻研磨工件与支承爪的接触面。

7）拧紧中心架支承爪的定位螺钉，并在支承爪与工件接触的地方加润滑油。

8）开始加工工件。一件工件完工后，加工第二件时要重新调整三个支承爪的位置（精加工时除外）。

6. 跟刀架

对不适宜调头车削的细长轴，不能用中心架支承，而要用跟刀架支承进行车削，以增加工件的刚度。跟刀架有点类似于中心架的形状和作用，所不同的是，跟刀架安装在机床的床鞍上，跟着刀架一起沿纵向移动。

跟刀架主要的用途也是加工细长轴，几个支承脚支承在车刀的对面方向，使加工工件产生的部分切削力最后传递至跟刀架上，不会使工件在加工时产生变形。跟刀架与工件的安装方式与中心架大致相同，只是刀具方向相当于中心架的一只脚，在加工前要研磨工件与支承脚。图3-54、图3-55所示为跟刀架使用示意图。

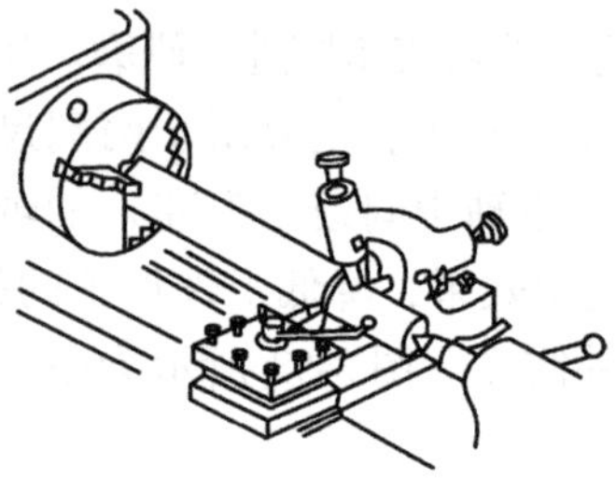

图3-54　用跟刀架车削工件

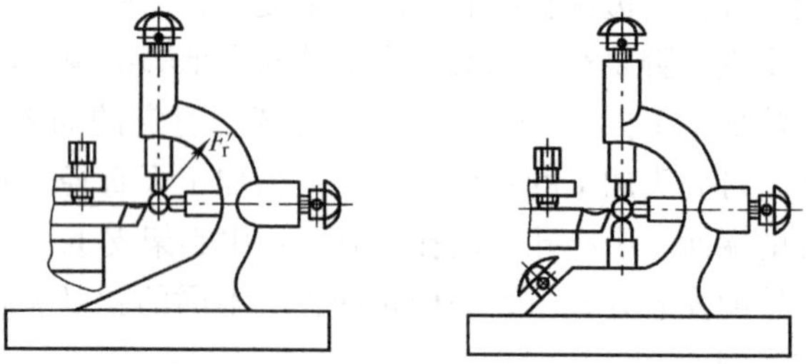

a)　　b)

图3-55　跟刀架支承车削细长轴

a）两爪跟刀架　b）三爪跟刀架

四、思考与练习

试分析传动轴在自定心卡盘上的定位。

项目四　传动轴零件工艺规程编制

【教学目标】

最终目标：会编制传动轴加工工艺规程。

促成目标：

1）会传动轴零件加工的工艺分析。

2）会编制传动轴零件工艺规程。

3）会对传动轴零件机械加工工艺方案进行分析比较。

模块1　机械加工工艺规程的分析

一、教学目标

最终目标：会正确设计传动轴零件的机械加工工艺方案。

促成目标：

1）掌握机械加工工艺的基本概念、国标定义和行业术语。

2）会正确设计零件的机械加工工艺方案。

二、案例分析

对 GH1640—30214A 传动轴进行加工工艺分析。

（一）机械加工工艺规程的作用

机械加工工艺规程的作用主要表现在三个方面：

1）指导工人操作，指导车间组织生产。

2）指导公司进行生产准备和计划调度。

3）指导公司进行新建或扩建工厂、车间，设备采购，人员招聘等。

GH1640—30214A 传动轴的加工工艺规程的作用，主要有以下五个方面：

1）确定采购材料的规格，如下料规格为 ϕ32mm×190mm。

2）确定采购热处理设备的规格，选择自己加工还是外协加工。因材料规格只有 ϕ32mm×190mm，只需一台小设备，如量大可自购一台，量小外协加工即可。

3）确定设备采购，主要采购 32 型的或 40 型的车床（卧式、数控）都可以，如 LK-32、LK-40、CL6140。

4）确定刀具、量具、检具、主要工装等的配置。

①刀具主要包括 45°端面车刀，90°外圆车刀，2mm 宽的切槽刀，60°螺纹车刀，ϕ2.5mm 中心钻，YT15-A313 刀片或焊接刀等。

②量具包括 0～200mm 游标卡尺、0～200mm 直尺、0～25mm 螺旋千分尺，M24×2mm 螺纹环规或螺纹千分尺等。

③主要工装包括 $\phi1 \sim \phi13$mm 钻夹头、活动顶尖、拨盘、鸡心夹头，少许铜片、垫刀块、划针、粉笔等。

5）确定招聘工人的操作技能水平。招聘工人的水平要达到中级，会车螺纹，会使用两顶尖夹持的方法进行加工等。

（二）传动轴加工工艺规程的设计步骤

先抛开生产纲领、生产类型，单从图样来分析 GH1640—30214A 传动轴加工工艺规程。

（1）材料　材料选用 45 钢，两端最大尺寸为 $\phi25$mm，只有中间 5mm 长的地方为 $\phi30$mm，不管热处理后怎样变形，用 $\phi32$mm 规格的材料即能加工。下料长度根据零件总长、规格等，选择 3 ~ 4mm 的加工余量，最后取长度为 190mm。

（2）热处理　T235 为调质处理，它可以放在粗加工前，也可以放在粗加工后、半精加工前，应根据材料的加工余量及加工后产生变形的情况来安排。传动轴加工余量较小，一般放在粗加工前进行热处理。

（3）机械切削加工　一般先粗加工、后精加工，就是指先加工余量多的，再加工余量少的；先加工基准面，再加工其他面。对于轴类零件的加工，主要的定位基准为两端中心孔，不管图样有无表示，都必须加工（除图样特别说明外）。加工轴类零件时，一般先加工外圆上尺寸较大的轴档，再加工外圆上尺寸较小的轴档。

（4）切削用量的选择　切削用量（切削速度、背吃刀量、进给量）的选择，应根据刀片材料来定。现在一般的刀具供应商大多提供切削用量的选择方式及数值。

（三）GH1640—30214A 传动轴加工定位基准的选择

（1）目测　根据传动轴的毛坯长度 190mm 与传动轴的实际长度 186mm，用目测的方法测定传动轴一端的加工余量，一般用在加工第一面时。

（2）划线　若传动轴一端已加工，在加工另一端时，需对传动轴的轴向进行定位，可选择划线的方法，测定加工后传动轴的长度。用这种方法加工的零件精度低、效率低，一般用在单件、小批量的加工过程中。

（3）用轴的端面定位　这种方法的定位精度相对较高，也比较常用，一般有两种方法：第一种，在车床的主轴锥孔内装一定位块，限止轴向运动；第二种方法，在自定心卡盘的卡爪的夹紧面上，车出一大于卡爪装夹直径的圆弧，作轴向限位用。

（4）用台阶面定位　用卡爪夹持轴端小外圆，台阶面与卡爪端面贴实定位。

（5）用中心孔定位　当用中心孔定位时，中心孔大小的一致程度对轴向定位起关键作用，因此在制订工艺时要特别注意。

（6）用中心孔和端面同时定位　这种定位方式需一种特别的夹具。

（四）GH1640—30214A 传动轴加工工艺路线的拟定

根据图样的要求，拟定传动轴的加工工艺线路为热处理→粗加工→精加工。

（1）粗加工　粗加工主要包括车两端面、打两端中心孔、粗车两端外圆，包括切槽。主要的目的是加工定位基准（即两端中心孔）；加工多余的切削余量，为精加工作准备。

（2）精加工　精加工主要是使加工后的表面质量达到图样要求，前面我们提到用自定心卡盘装夹工件，其定位精度为 0. 10mm 左右，一端夹持一端用顶尖是达不到图样要求的，因此选择用两顶尖装夹的方法来实现。产生精度达不到的原因，主要表现在尾座顶尖顶紧力太大或太小。力太大容易使工件变形；力太小则顶不紧，容易产生轴向窜动。

（五）GH1640—30214A 传动轴加工余量的确定

传动轴的加工余量主要指半精加工和精加工的余量，粗加工的余量主要取决于毛坯的质量及规格。

为了使加工后的零件符合图样要求。一般最后工序分半精车和精车，半精车的余量约为1.00mm，精车的余量约为0.10mm；车台阶面时，余量一般为0.10～0.20mm，单边只需精车，不需半精车。加工螺距为2mm的螺纹时，一般分三刀进给，即粗车、半精车、精车，第一刀的背吃刀量约为1.1mm，第二刀的背吃刀量约为0.4mm，第三刀的背吃刀量约为0.1mm；螺纹大径一般比公称直径小0.2mm。

（六）GH1640—30214A 传动轴加工尺寸链和工序尺寸的确定

GH1640—30214A 传动轴加工的尺寸链主要有加工过程中的轴向尺寸链和各工序间加工余量安排两种尺寸链。轴向尺寸链比较简单，控制相对也简单，一般不需经过复杂的计算。在零件图样上用括号表示的尺寸为一个封闭尺寸，此尺寸在实际使用中相对比较次要。

（七）GH1640—30214A 传动轴加工的工时定额和技术经济分析

1. 工时定额

零件加工的工时额主要由两大部分时间组成，即加工时间和准备时间。

（1）加工时间　又可分为切削加工时间和辅助时间。

1）切削加工时间。主要指刀具实际切削工件的时间。

2）辅助时间。主要指退刀、换刀、工件装卸等所需的时间。

（2）准备时间　主要包括布置工作场地的时间、休息和生理需要时间、准备和终结时间。

1）布置工作场地的时间。如清理切屑、润滑机床、机床保养等。

2）休息和生理需要时间。工人在工作时间内要抽出一定的时间进行休息，用以恢复体力，满足生理上的需要，如补充水分等。

3）准备和终结时间。主要包括识图，领料，准备所需的工、夹、量、刀具，工件送检等所需的时间。

传动轴加工的工时定额为：25min。

2. 技术经济分析

GH1640—30214A 传动轴的工艺方案一般有两种：第一种为下料→热处理→粗车→半精车→精车；第二种为下料→热处理→车加工→磨加工。

1）从设备上分析，第一种方案所需的设备为锯床、热处理设备（箱或炉）、车床三种设备；第二种方案所需的设备为锯床、热处理设备（箱或炉）、车床、外圆磨床四种设备。

从设备上来说，第一种方案设备简单，投资少；而第二种方案需要四种设备，其中还需一台外圆磨床。一台磨床的设备价格要超过其余三台设备，因此它的投资成本高。

2）从工艺路线上分析，第一种与第二种方案所不同的是第一种方案多了半精车和精车两道车加工工序，而第二种方案增加了一道磨削加工工序。对于GH1640—30214A 传动轴，尺寸公差值为0.032mm，在磨床上加工时，只要会操作机床，尺寸公差、形状公差、位置公差都能保证；但在车床上精车时就不一样了，要加工这样的轴，接触机床最少要1年左右的时间，才能下手操作。

构成零件加工成本的因素主要有：材料费，人工费，水电费，机床折旧费，工、夹、量、刀具费，维护费六部分组成。这六部分费用中，最主要的为材料费、人工费和刀具费。从上面两种方案看，材料费相同、人工费则是第一种大于第二种（工人的技术等级要高），刀具费是第一种大于第二种（刀具消耗大点）。当采用大批量生产时，排除设备投资的因素，一般选择第二种；但采用小批量生产时，在没有外圆磨床的情况下，还是选择第一种方案。

三、相关知识

（一）工艺过程简介

机械加工的目的是将毛坯加工成符合产品要求的零件。通常，毛坯需要经过若干工序才能转化为符合产品要求的零件。一个相同结构、相同要求的机器零件，可以采用几种不同的工艺过程完成，但其中总有一种工艺过程在某一特定条件下是较经济、较合理的。按一定的格式，用文件的方式规定零件的制造工艺过程和操作方法，称为工艺规程。

（1）生产过程　从原材料或半成品到成品制造出来的各有关劳动过程的总和称为生产过程。

一台产品的生产过程包括的内容有：

1）原材料（或半成品、元器件、标准件、工具、工装、设备）的购置、运输、检验、保管。

2）生产准备工作。如编制工艺文件，专用工装及设备的设计与制造等。

3）毛坯制造。

4）零件的机械加工及热处理。

5）产品装配与调试、性能试验以及产品的包装、发运等工作。

生产过程往往由许多工厂或工厂的许多车间联合完成，这有利于专业化生产、提高生产率、保证产品质量、降低生产成本。

生产过程包括工艺过程和辅助过程两部分。

（2）工艺过程　工艺即使各种原材料、半成品成为产品的方法和过程。工艺过程是指利用生产设备、工具及一定的方法改变生产对象的形状、尺寸、相对位置和性能等，使其变为成品件的过程。例如，铸造、锻压、焊接、热处理、切削加工、装配等，均属于工艺过程。

（3）辅助过程　辅助过程是与原材料改变为成品件有间接关系的过程，如运输、保管、检验、设备维修、购销等。

（4）机械加工工艺过程　采用切削加工方法直接改变毛坯的形状、尺寸和表面质量，使之成为符合技术要求的零件，此过程称为机械加工工艺过程。

（二）机械加工工艺过程的组成

零件的机械加工工艺过程由一系列工序组成。

（1）工序　指一个（或一组）工人在一个工作地点（如一台机床或一个钳工台）对一个（或同时对几个）工件加工，所连续完成的那部分工艺过程，称为工序。它包括在这个工件上连续进行的直到转向加工下一个工件为止的全部动作。区分工序的主要依据是：工作地点固定和工作连续。

工序是组成工艺过程的基本单元，也是制订生产计划、进行经济核算的基本单元。工序又可细分为工步、走刀、安装、工位等组成部分。

（2）工步　在加工表面、切削刀具、切削速度和进给量都不变的情况下所完成的那部分工序，称为工步。

工序划分不同，工步可能相同，也可能会不同。

对于一次安装中连续进行的若干相同多工位加工的工步，通常算作一个工步。

为了提高生产率，常常用几把不同刀具或复合刀具同时加工一个零件的几个表面，也可看作一个工步，称为复合工步。

（3）走刀　在一个工步内，有些表面由于加工余量太大或由于其他原因需用同一把刀具以及相同的转速和进给量对同一表面进行多次切削，这时刀具对工件的每一次切削就称为一次走刀。

（4）安装　工件在机床或夹具中定位并夹紧的过程称为装夹。工件在一次装夹下所完成的那部分工艺过程称为安装。

（5）工位　工位是指为了完成一定的工序，一次装夹工件后，工件与夹具或设备的可动部分一起相对刀具或设备的固定部分所占据的每个位置。

（三）生产类型及其工艺特征

1. 生产类型

根据产品的品种和年产量的不同，机械产品的生产可分为三种类型，即单件生产、成批生产和大量生产。

（1）单件生产　单件生产是指单个地制造不同结构和尺寸的产品，很少重复或不重复生产。单件生产的特点是产品品种多而数量少。

（2）大量生产　大量生产是指产品的数量很大，工作点经常重复地进行某个零件的某一道工序的加工。大量生产的特点是产品品种单一而数量大。

（3）成批生产　成批生产是指分批地制造相同的产品，制造过程有重复性的生产。成批生产的特点是几种产品品种轮番制造，如机床的生产就是典型代表，大多数机械产品的生产均属于成批生产。

按照一次投入生产的工件数量（批量）的多少，成批生产又可分为小批生产、中批生产和大批生产三种情况。小批生产与单件生产类似，大批生产与大量生产类似，中批生产介于大批生产与小批生产之间。

2. 生产类型与工艺特征的关系（表4-1）

表4-1　各种生产类型与工艺特征的关系

工艺特征项目	各种生产类型的工艺特征		
	小批（单件）生产	中 批 生 产	大批（大量）生产
工件的互换性	一般是配对制造，没有互换性，广泛用钳工修配	大部分有互换性，少数用钳工修配	全部有互换性。某些精度较高的配合件采用分组选择装配法

（续）

工艺特征项目	各种生产类型的工艺特征		
	小批（单件）生产	中批生产	大批（大量）生产
毛坯的制造方法及加工余量	铸件用木模手工造型；锻件用自由锻。毛坯精度低，加工余量大	部分铸件用金属模；部分锻件用模锻。毛坯精度中等，加工余量中等	铸件广泛采用金属模机器造型；锻件广泛采用模锻以及其他高生产率的毛坯制造方法。毛坯精度高，加工余量小
机床设备	通用机床、数控机床或加工中心	数控机床加工中心或柔性制造单元。设备条件不够时，也采用部分通用机床、部分专用机床	专用生产线、自动生产线、柔性制造生产线或数控机床
夹具	多用标准附件，极少采用夹具，靠划线及试切法达到精度要求	广泛采用夹具或组合夹具，部分靠加工中心一次安装	广泛采用高生产率夹具，靠夹具及调整法达到精度要求
刀具与量具	采用通用刀具和万能量具	可以采用专用刀具及专用量具或三坐标测量机	广泛采用高生产率刀具和量具，或采用统计分析法保证质量
对工人的要求	需要技术熟练的工人	需要一定熟练程度的工人和编程技术人员	对操作工人的技术要求较低，对生产线维护人员要求较高
工艺规程	有简单的工艺路线卡	有工艺规程，对关键零件有详细的工艺规程	有详细的工艺规程

（四）机械加工工艺规程的制订准备及步骤

规定零件机械加工工艺过程和操作方法等的工艺文件称为机械加工工艺规程。它是在具体的生产条件下，最合理或较合理的工艺过程和操作方法，并按规定的形式书写成工艺文件，经审批后用来指导生产的。

工艺规程中包括各个工序的排列顺序，加工尺寸、公差及技术要求，工艺设备及工艺措施，切削用量及工时定额等内容。

（1）机械加工工艺规程的作用　机械加工工艺规程是机械制造工厂最主要的技术文件，是工厂规章制度的重要组成部分，其作用主要体现在以下几方面：

1）指导生产的主要技术文件，起生产的指导作用。

2）是生产组织和生产管理的依据，即生产计划、调度、工人操作和质量检验等的依据。

3）是新建或扩建工厂或车间的主要技术资料。

4）是进行技术交流，开展技术革新的基本资料。

总之，零件的机械加工工艺规程是每个机械制造厂或加工车间最主要的技术文件之一，是生产一线的法规性文件。生产前用它做生产的准备，生产中用它做生产的指挥，生产后用它做生产的检验。

（2）机械加工工艺规程的类型　按行业规定，工艺规程的类型分为专用工艺规程和通用工艺规程。专用工艺规程是针对每一个产品和零件所设计的工艺规程。通用工艺规程包括：典型工艺规程、成组工艺规程和标准工艺规程。典型工艺规程是指为一组结构相似的零部件所设计的通用工艺规程；成组工艺规程是指按成组技术原理将零件分类成组，针对每一组零件所设计的通用工艺规程；标准工艺规程是指已纳入国家标准或工厂标准的工艺规程。

机械加工工艺规程包括机械加工工艺过程卡片、机械加工工序卡片、标准零件或典型零件工艺过程卡片、机械加工工序操作指导卡片、检验卡片等。装配工艺规程有工艺过程卡片和工序卡片。机械加工工艺过程卡、机械加工工艺卡、机械加工工序卡是机械加工常用的工艺规程。

1）机械加工工艺过程卡。该卡片主要列出零件加工所经过的整个工艺路线、工装设备和工时等内容，多作为生产管理使用。常用的机械加工工艺过程卡片的格式见表4-2。

2）机械加工工艺卡。该卡片是以工序为单位详细说明整个工序规程的工艺文件，卡片中反映各道工序的具体内容及加工要求、工步的内容及安装次数、切削用量、采用的设备及工装，是用来指导工人生产及掌握整个零件加工过程的一种主要技术文件，在成批生产或小批量生产的重要零件加工中应用广泛。机械加工工艺卡片的格式见表4-3。

3）机械加工工序卡。工序卡是针对工艺卡片中的每道工序而制订的。该卡片详细记载了该工序中工步加工的具体内容与要求，及所需的工艺资料，包括定位基准、工件安装方法、工序尺寸及极限偏差、切削用量的选择、工时定额等，并配有工序图，是能具体指导工人操作的工艺文件，适用于大批量生产的零件及成批生产中的重要零件。机械加工工序卡的格式见表4-4。

（3）制订机械加工工艺规程的准备及步骤

1）制订出正确的机械加工工艺规程需要遵循下列基本原则：

①必须可靠保证零件图样上所有技术要求的实现，既要保证质量，又要提高工作效率。

②保证经济上的合理性，即要成本低，消耗要小。

③保证良好的安全工作条件，即尽量减轻工人的劳动强度，保障生产安全，创造良好的工作环境。

④要从实际出发，即所制订的工艺规程应立足于企业的实际条件，并具有先进性，尽量采用新工艺、新技术、新材料。

表 4-2　机械加工工艺过程卡片

	机械加工工艺过程卡片		产品型号		零件图号			
			产品名称		零件名称		共　页	第　页
材料牌号		毛坯种类		毛坯外形尺寸		每毛坯可制件数		每台件数	备注	

工序号	工序名称	工序内容	车间	工段	设备	工艺装备	工序工时 终准	工序工时 单件

描图	
描校	
底图号	
装订号	

										设计（日期）	审核（日期）	标准化（日期）	会签（日期）	
标记	处数	更改文件号	签字	日期	标记	处数	更改文件号	签字	日期					

表 4-3　机械加工工艺卡片

			机械加工工艺卡片		产品型号			零(部)件图号							
					产品名称			零(部)件名称				共　页		第　页	
材料牌号				毛坯种类		毛坯外形尺寸		每毛坯可制件数		每台件数				备注	
工序	装夹	工步	工序内容	同时加工零件数	切削用量				设备名称及编号	工艺装备名称及编号			技术等级	时间定额	
					背吃刀量/(mm)	切削速度/(m/min)	每分钟转数或往复次数	进给量/(mm/r 或 mm/双行程)		夹具	刀具	量具		单件	准终

										设计(日期)	审核(日期)	(标准化日期)	(会签日期)	
标记	处数	更改文件号	签字	日期	标记	处数	更改文件号	签字	日期					

表 4-4 机械加工工序卡

机械加工工序卡片	产品型号		零件图号			
	产品名称		零件名称		共 页	第 页

车间	工序号	工序名称	材料牌号
毛坯种类	毛坯外形尺寸	每毛坯可制件数	每台件数
设备名称	设备型号	设备编号	同时加工件数

夹具编号	夹具名称	切削液	
工位器具编号	工位器具名称	工序工时	
		终准	单件

工步号	工步内容	工艺装备	主轴转速/(r/min)	切削速度/(m/min)	进给量/(mm/r)	背吃刀量/mm	进给次数	工步工时 机动	工步工时 辅助

描图
描校
底图号
装订号

										设计（日期）	审核（日期）	标准化（日期）	会签（日期）	
标记	处数	更改文件号	签字	日期	标记	处数	更改文件号	签字	日期					

⑤所制订的工艺规程随着实践的检验和工艺技术的发展与设备的更新，应能不断地修订完善。

2）制订机械加工工艺规程所需的原始资料：

①零件图，必要的产品、部件的装配图、毛坯图，产品验收的质量标准。

②产品的生产纲领和生产类型。

③工厂（车间）现有的生产条件（包括毛坯生产条件、协作关系、工艺装备、工人技术状态等）。

④有关的标准、手册、图表等技术资料。

⑤工厂的发展前景。

⑥国内、外的生产技术发展状态等。

3）制订机械加工工艺规程的步骤：

①分析研究部件装配图，审查零件图。

②选择毛坯。

③选择定位基准。

④拟定工艺路线。

⑤确定各工序采用的设备和工装。

⑥确定各工序加工余量，计算工序尺寸、公差。

⑦确定各工序的切削用量和工时定额。

⑧确定各主要工序的技术检验要求及检验方法。

⑨填写工艺文件。

四、思考与练习

1. 零件在装夹中应注意哪些事项？
2. 如何理解机械加工工艺方案的优劣？

模块2　编制机械加工工艺规程

一、教学目标

最终目标：编制传动轴加工工艺规程。

促成目标：

1）掌握工艺规程的内容及作用。

2）掌握工艺规程制订的原则与方法。

二、案例分析

编制 GH1640—30214A 传动轴的工艺规程。

根据上面的分析和说明，编制表4-5所示的机械加工工艺过程卡片。

根据上面的分析和说明及表4-5所示的机械加工工艺过程卡片，编制表4-6 ~ 表4-14所示的机械加工工序卡片。

表 4-5　机械加工工艺过程卡片

机械加工工艺过程卡片	产品型号	GH1640	零件图号	30214A		
	产品名称	车床	零件名称	V 轴（丝杠）	共　页	第　页

材料牌号	45	毛坯种类	圆钢	毛坯外形尺寸	ϕ32mm × 190mm	每毛坯可制件数	1	每台件数	1	备注	

工序号	工序名称	工序内容	车间	工段	设备	工艺装备	工序工时 终准	工序工时 单件
一	下料	ϕ32mm × 190mm	铸	锻	G72			
二	热	热处理：T235	金	热				
三	车	1. 车两端面至总长 186mm，钻两端中心孔 A2.5	金		CL6140	ϕ2.5mm 中心钻，ϕ1 ~ ϕ13mm 钻夹头		
		2. 用一夹一顶装夹，粗车各挡外圆，留余量 1 ~				45°端面车刀，90°外圆车刀		
		1.5mm				2mm 切槽刀，60°螺纹车刀		
		3. 用两顶尖装夹工件，车各挡外圆及螺纹至图				0 ~ 200mm 游标卡尺，0 ~ 200mm 金属直尺		
		样尺寸				0 ~ 25mm 螺旋千分尺，M24 × 2mm 螺规		
						活动顶尖，固定顶尖，拨盘，鸡心夹头		
						垫刀块若干，划针，螺纹对刀板		
四	检	综合检查						
五	入库	清洗干净，涂上防锈油，入库						

描　图

描　校

底图号

装订号

										设计（日期）	审核（日期）	标准化（日期）	会签（日期）	
标记	处数	更改文件号	签字	日期	标记	处数	更改文件号	签字	日期					

表 4-6 机械加工工序卡片（第一工步）

机械加工工序卡片	产品型号	GH1640	零件图号	30214A		
	产品名称	卧式车床	零件名称	V 轴	共 9 页	第 1 页

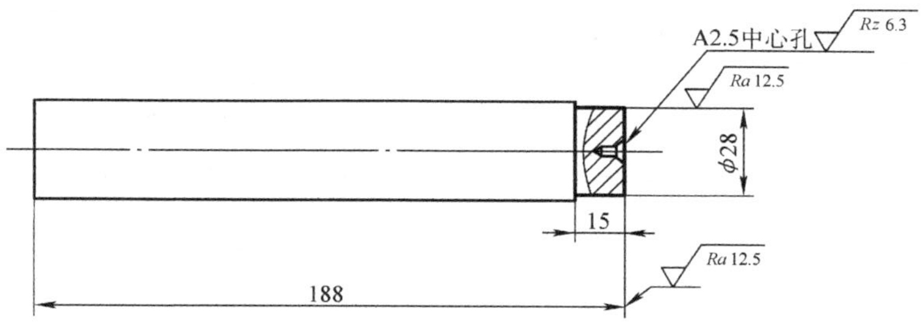

车间	工序号	工序名称	材料牌号
金工	三	车	45
毛坯种类	毛坯外形尺寸	每毛坯可制件数	每台件数
下料件	ϕ32mm×190mm	1	1
设备名称	设备型号	设备编号	同时加工件数
卧式车床	CL6140	027-05	1

夹具编号	夹具名称	切削液	
工位器具编号	工位器具名称	工序工时	
		终准	单件

工步号	工步内容	工艺设备	主轴转速/(r/min)	切削速度/(m/min)	进给量/(mm/r)	背吃刀量/mm	进给次数	工步工时 机动	工步工时 辅助
1	用 0～200mm 的游标卡尺检查毛坯外圆及长度是	0～200mm 游标卡尺							
	否与工艺要求一致，外圆为 ϕ32mm、长度为 190mm								
2	用自定心卡盘夹工件毛坯外圆，伸出长度 30mm								
	a. 用目测车一端 2mm 的余量	45°平面车刀	750	75	0.30	2			
	b. 车 ϕ28mm×15mm 工艺凸台	90°外圆车刀	750	75	0.30	2			
	c. 钻中心孔	2.5A 型中心钻；ϕ1～ϕ13mm 的钻夹头	750	12	0.20				

描图	描校	底图号	装订号

标记	处数	更改文件号	签字	日期	标记	处数	更改文件号	签字	日期	设计（日期）	审核（日期）	标准化（日期）	会签（日期）

表 4-7　机械加工工序卡片(第二工步)

机械加工工序卡片	产品型号	GH1640	零件图号	30214A		
	产品名称	卧式车床	零件名称	V　轴	共9页	第2页

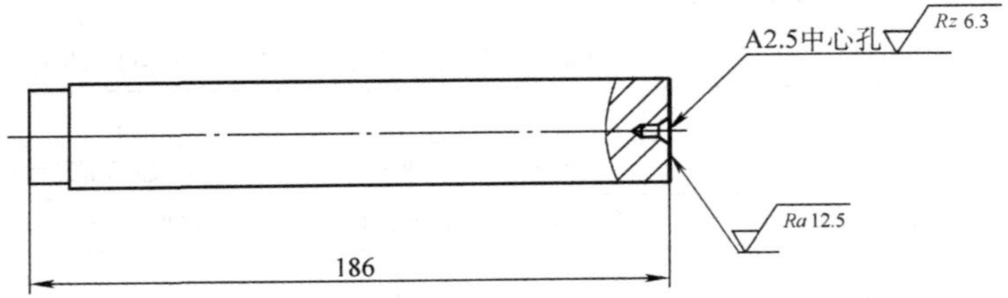

车间	工序号	工序名称	材料牌号
金工	三	车	45
毛坯种类	毛坯外形尺寸	每毛坯可制件数	每台件数
下料件	ϕ32mm×190mm	1	1
设备名称	设备型号	设备编号	同时加工件数
卧式车床	CL6140	027-05	1

夹具编号	夹具名称	切削液	
工位器具编号	工位器具名称	工序工时	
		终准	单件

工步号	工步内容	工艺设备	主轴转速/(r/min)	切削速度/(m/min)	进给量/(mm/r)	背吃刀量/mm	进给次数	工步工时 机动	工步工时 辅助
3	用粉笔在未加工端外圆上涂上白色的标	粉笔							
	记,用0～200mm 的金属直尺测量长度,在	0～200mm 金属直尺							
	186mm 位置用划针划出长度记号	划针							
4	用自定心卡盘夹外圆,伸出长度30mm 左								
	右,按划线记号,车端面至总长186mm,钻中	45°平面车刀,0～200mm 游标卡尺	750	75	0.30	2			
	心孔	2.5A 型中心钻,ϕ1～ϕ13mm 钻夹头	750	12	0.10				

描图	描校	底图号	装订号

标记	处数	更改文件号	签字	日期	标记	处数	更改文件号	签字	日期	设计(日期)	审核(日期)	标准化(日期)	会签(日期)

表 4-8　机械加工工序卡片(第三工步)

机械加工工序卡片	产品型号	GH1640	零件图号	30214A		
	产品名称	卧式车床	零件名称	V　轴	共 9 页	第 3 页

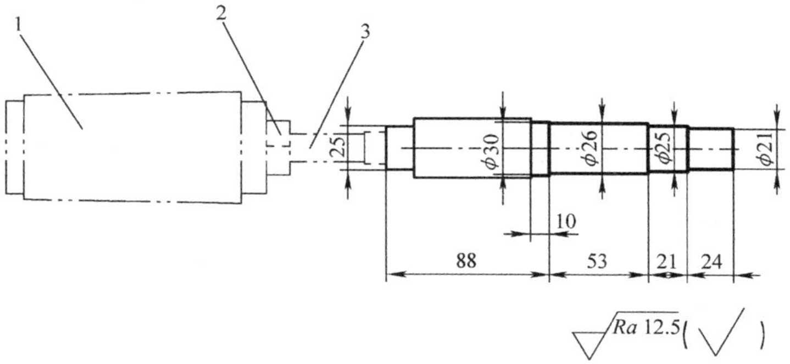

车间	工序号	工序名称	材料牌号
金工	三	车	45
毛坯种类	毛坯外形尺寸	每毛坯可制件数	每台件数
下料件	ϕ32mm×190mm	1	1
设备名称	设备型号	设备编号	同时加工件数
卧式车床	CL6140	027-05	1
夹具编号		夹具名称	切削液
工位器具编号		工位器具名称	工序工时
			终准 / 单件

工步号	工步内容	工艺设备	主轴转速/(r/min)	切削速度/(m/min)	进给量/(mm/r)	背吃刀量/mm	进给次数	工步工时 机动	工步工时 辅助
5	在主轴莫氏 6 号锥孔中装上图中所示的双点画线的定位装置(根据需要可调整 03 号螺杆的长短,并用 02 号螺母锁紧)	自制定位夹具一副							
6	用自定心卡盘夹 ϕ25mm 外圆,另一端用顶尖顶住	顶尖一件;0~200mm 游标卡尺							
	a. 先车 ϕ26mm、ϕ30mm 外圆至工序图尺寸	90°车刀	750	62	0.4	3	1		
	b. 再车 ϕ21mm、ϕ25mm 外圆至工序图尺寸		750	50	0.4	2.5	2		

描图	描校	底图号	装订号

标记	处数	更改文件号	签字	日期	标记	处数	更改文件号	签字	日期	设计(日期)	审核(日期)	标准化(日期)	会签(日期)

表 4-9　机械加工工序卡片(第四工步)

机械加工工序卡片	产品型号	GH1640	零件图号	30214A		
	产品名称	卧式车床	零件名称	V　轴	共9页	第4页

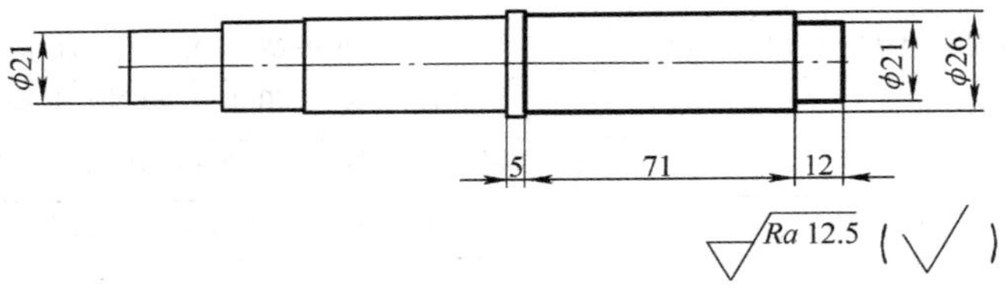

车间	工序号	工序名称	材料牌号
金工	三	车	45
毛坯种类	毛坯外形尺寸	每毛坯可制件数	每台件数
下料件	φ32mm×190mm	1	1
设备名称	设备型号	设备编号	同时加工件数
卧式车床	CL6140	027-05	1

夹具编号	夹具名称	切削液	
工位器具编号	工位器具名称	工序工时	
		终准	单件

工步号	工步内容	工艺设备	主轴转速/(r/min)	切削速度/(m/min)	进给量/(mm/r)	背吃刀量/mm	进给次数	工步工时 机动	工步工时 辅助
7	用自定心卡盘夹住左端 φ21mm 外圆，台								
	阶面贴实，右端用顶尖顶住中心孔								
	a. 车 φ26mm 外圆至工序图尺寸	90°车刀	750	62	0.4	3	1		
	b. 车 φ21mm 外圆至工序图尺寸		750	50	0.4	2.5	2		

描　图		
描　校		
底图号		
装订号		

标记	处数	更改文件号	签字	日期	标记	处数	更改文件号	签字	日期	设计(日期)	审核(日期)	标准化(日期)	会签(日期)	

表 4-10 机械加工工序卡片（第五工步）

机械加工工序卡片	产品型号	GH1640	零件图号	30214A		
	产品名称	卧式车床	零件名称	V 轴	共 9 页	第 5 页

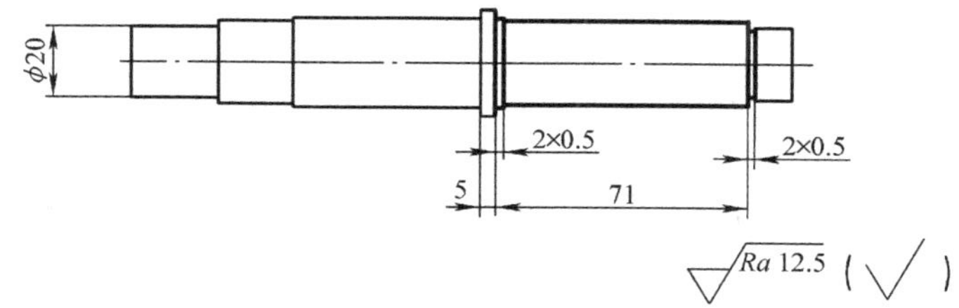

车间	工序号	工序名称	材料牌号
金工	三	车	45
毛坯种类	毛坯外形尺寸	每毛坯可制件数	每台件数
下料件	φ32mm×190mm	1	1
设备名称	设备型号	设备编号	同时加工件数
卧式车床	CL6140	027-05	1
夹具编号		夹具名称	切削液
工位器具编号		工位器具名称	工序工时
			终准 / 单件

工步号	工步内容	工艺设备	主轴转速 /(r/min)	切削速度 /(m/min)	进给量 /(mm/r)	背吃刀量 /mm	进给次数	工步工时 机动	工步工时 辅助
8	将一外圆加工后为 φ25mm 左右、长度约								
	80mm 的圆柱棒夹在自定心卡盘上，伸出长								
	度约 30mm								
9	将小刀架按逆时针方向转动 30°，将卡盘	17～19mm 呆扳手							
	上的圆柱棒车成 60°的顶尖	90°车刀							
10	将尾座套筒的锥孔擦净，将上顶尖	60°顶尖（固定顶尖或活动顶尖任选）							
11	φ20mm 部位用鸡心夹头装夹，车两处退	鸡心夹头							
	刀槽至工序图尺寸								

描图	描校	底图号	装订号

										设计（日期）	审核（日期）	标准化（日期）	会签（日期）	
标记	处数	更改文件号	签字	日期	标记	处数	更改文件号	签字	日期					

表 4-11　机械加工工序卡片（第六工步）

机械加工工序卡片	产品型号	GH1640	零件图号	30214A		
	产品名称	卧式车床	零件名称	V　轴	共 9 页	第 6 页

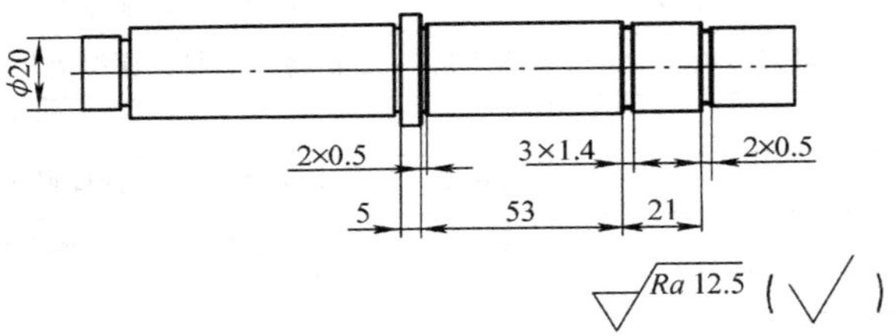

车间	工序号	工序名称	材料牌号
金工	三	车	45
毛坯种类	毛坯外形尺寸	每毛坯可制件数	每台件数
下料件	ϕ32mm × 190mm	1	1
设备名称	设备型号	设备编号	同时加工件数
卧式车床	CL6140	027-05	1

夹具编号	夹具名称	切削液	
工位器具编号	工位器具名称	工序工时	
		终准	单件

工步号	工步内容	工艺设备	主轴转速/(r/min)	切削速度/(m/min)	进给量/(mm/r)	背吃刀量/mm	进给次数	工步工时 机动	工步工时 辅助
12	ϕ20mm 部位用鸡心夹头装夹，车三处退	2mm 切槽刀	750	62	0.2	0.5			
	刀槽至工序图尺寸	60°顶尖（固定顶尖或活动顶尖任选）							
		鸡心夹头							

描图	
描校	
底图号	
装订号	

标记	处数	更改文件号	签字	日期	标记	处数	更改文件号	签字	日期	设计（日期）	审核（日期）	标准化（日期）	会签（日期）

表 4-12　机械加工工序卡片(第七工步)

机械加工工序卡片	产品型号	GH1640	零件图号	30214A		
	产品名称	卧式车床	零件名称	V 轴	共9页	第7页

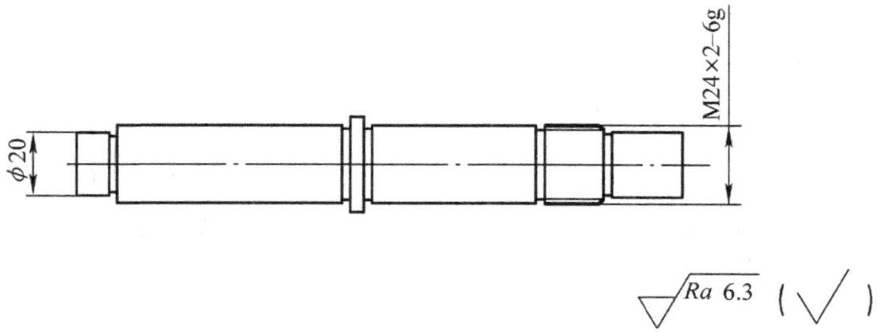

车间	工序号	工序名称	材料牌号
金工	三	车	45
毛坯种类	毛坯外形尺寸	每毛坯可制件数	每台件数
下料件	φ32mm×190mm	1	1
设备名称	设备型号	设备编号	同时加工件数
卧式车床	CL6140	027-05	1
夹具编号	夹具名称	切削液	
工位器具编号	工位器具名称	工序工时	
		终准	单件

工步号	工步内容	工艺设备	主轴转速/(r/min)	切削速度/(m/min)	进给量/(mm/r)	背吃刀量/mm	进给次数	工步工时 机动	工步工时 辅助
13	φ20mm 部位用鸡心夹头装夹，车 M24×2-	60°螺纹车刀	105			1.1			
	6g 螺纹至工序图尺寸	对刀板				0.5			
		鸡心夹头				0.1			
		M24×2 螺规							

描图	描校	底图号	装订号

										设计(日期)	审核(日期)	标准化(日期)	会签(日期)	
标记	处数	更改文件号	签字	日期	标记	处数	更改文件号	签字	日期					

表 4-13　机械加工工序卡片(第八工步)

机械加工工序卡片	产品型号	GH1640	零件图号	30214A		
	产品名称	卧式车床	零件名称	V　轴	共 9 页	第 8 页

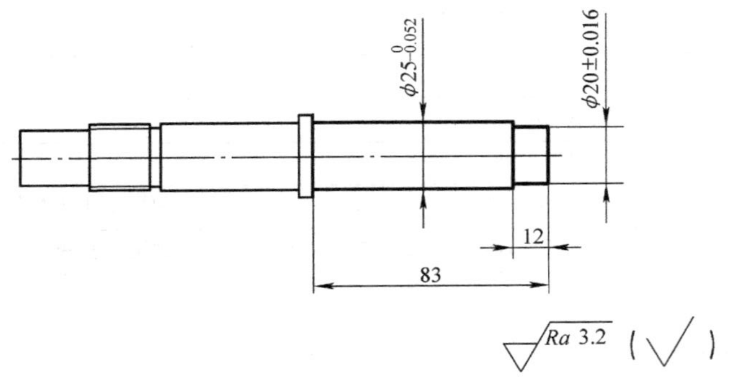

车间	工序号	工序名称	材料牌号	
金工	三	车	45	
毛坯种类	毛坯外形尺寸	每毛坯可制件数	每台件数	
下料件	ϕ32mm × 190mm	1	1	
设备名称	设备型号	设备编号	同时加工件数	
卧式车床	CL6140	027-05	1	
夹具编号		夹具名称	切削液	
工位器具编号		工位器具名称	工序工时	
			终准	单件

工步号	工 步 内 容	工 艺 设 备	主轴转速 /(r/min)	切削速度 /(m/min)	进给量 /(mm/r)	背吃刀量 /mm	进给次数	工步工时 机动	工步工时 辅助
14	用鸡心夹头装夹,半精车右端各挡,顶尖,留余量 0.10 ~ 0.15mm	90°车刀,YT15-313 刀片	750	62	0.2	0.5			
15	同工步 14 装夹,精车右端各挡至工序图尺寸	90°车刀,YT15-313 刀片	750	50	0.1	0.05			

描　图											
描　校											
底图号											
装订号											
										设计(日期)	审核(日期)	标准化(日期)	会签(日期)
	标记	处数	更改文件号	签字	日期	标记	处数	更改文件号	签字	日期			

表 4-14　机械加工工序卡片(第九工步)

机械加工工序卡片	产品型号	GH1640	零件图号	30214 A		
	产品名称	卧式车床	零件名称	V　轴	共 9 页	第 9 页

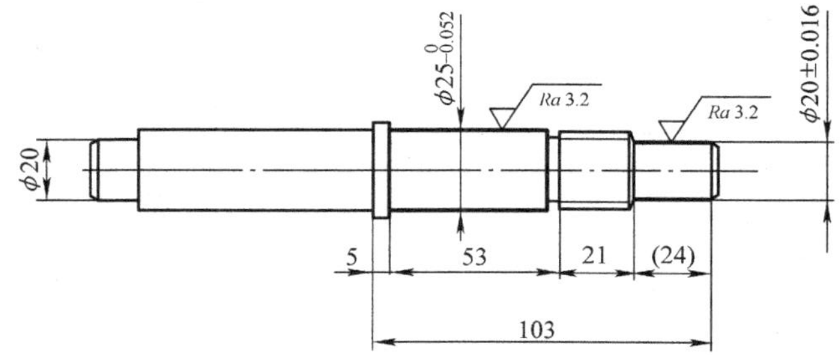

车间	工序号	工序名称	材料牌号
金工	三	车	45
毛坯种类	毛坯外形尺寸	每毛坯可制件数	每台件数
下料件	ϕ32mm × 190mm	1	1
设备名称	设备型号	设备编号	同时加工件数
卧式车床	CL6140	027-05	1

夹具编号	夹具名称	切削液	
工位器具编号	工位器具名称	工序工时	
		终准	单件

工步号	工步内容	工艺设备	主轴转速/(r/min)	切削速度/(m/min)	进给量/(mm/r)	背吃刀量/mm	进给次数	工步工时 机动	工步工时 辅助
16	左端 ϕ20mm 部位垫铜皮,并用鸡心夹头装夹,半精车右端各挡,留余量 0.10 ~ 0.15mm	90°车刀,YT15-313 刀片	750	62	0.2	0.5			
17	同工步 16 装夹,精车右端各挡至工序图尺寸	90°车刀,YT15-313 刀片	750	50	0.1	0.05			

描图	描校	底图号	装订号

标记	处数	更改文件号	签字	日期	标记	处数	更改文件号	签字	日期	设计(日期)	审核(日期)	标准化(日期)	会签(日期)	

三、相关知识

（一）机械加工工艺规程的制订

1. 审查零件图

通过零件图的阅读，了解产品的性能、用途和工作条件，明确各零件的相互装配位置和作用，了解零件的主要技术要求，找出关键技术问题。

（1）审查零件图的完整性和正确性　零件图上的尺寸标注是否完整、结构表达是否清楚。

（2）分析技术要求是否合理

1）加工表面的尺寸精度。

2）主要加工表面的形状精度。

3）主要加工表面的相互位置精度。

4）加工表面的表面粗糙度以及表面质量方面的其他要求。

5）热处理要求。

6）其他要求，如平衡、无损检测、气密性试验。

零件上的尺寸公差、几何公差和表面粗糙度的标注，应根据零件的功能经济合理地确定。过高的要求会增加加工难度，过低的要求会影响工作性能，两者都是不允许的。

（3）零件的结构工艺性分析　零件的结构工艺性是指所设计的零件在能满足使用要求的前提下制造的可行性和经济性。它包括零件的各个制造过程中的工艺性，有零件结构的铸造、锻造、冲压、焊接、热处理、切削加工等工艺性。由此可见，零件的结构工艺性涉及面很广，具有综合性，必须全面综合地分析。

在制订机械加工工艺规程时，主要进行零件的切削加工工艺性分析。

其一，机械加工对零件局部结构工艺性的要求：

1）零件图的尺寸标注应适应机械加工工艺和检验的要求。

2）尽可能减少机械加工量，提高生产率。

3）提高生产效率，保证产品质量。

4）减少装夹次数，缩短辅助时间。

5）结构应适应刀具要求。

6）保证装配的方便和可拆性。

其二，机械加工对零件整体结构工艺性的要求。零件是各要素、各尺寸组成的一个整体，所以更应考虑零件整体结构的工艺性，具体有以下几点要求：

1）尽量采用标准件、通用件。

2）在满足产品使用性能的条件下，零件图上标注的尺寸精度等级和表面粗糙度要求应取最经济值。

3）尽量选用切削加工性好的材料。

4）有便于装夹的定位基准和夹紧表面。

5）节省材料，减轻质量。

2. 审查零件材料选用是否适当

材料的选择既要满足产品的使用要求，又要考虑产品成本，尽可能采用常用材料，如

45 钢，少用贵重金属。

3. 选择毛坯

选择毛坯的基本任务是选定毛坯的制造方法及其制造精度。

（1）毛坯的种类

1）铸件（砂型、金属型、离心、压力、精密铸造），适合做形状复杂零件的毛坯。

2）锻件（自由锻和模锻），适合做形状简单零件的毛坯。

3）焊接件，适合做板料、框架类零件的毛坯。

4）型材，适合做轴、平板类零件的毛坯。

5）其他如冲压件、冷挤压件、粉末冶金件。

（2）确定毛坯时应考虑的因素　毛坯选择原则是毛坯的形状和尺寸应尽量接近零件的形状和尺寸，以减少机械加工量。在毛坯选择应考虑的因素有以下几个：

1）生产纲领的大小。对于大批量生产，应选择高精度的毛坯制造方法，以减少机械加工量，节省材料。

2）现有生产条件。要考虑现有的毛坯制造水平和设备能力。

3）对于装配后需要形成同一工作表面的两个相关偶件，为了保证加工质量并使加工方便，常常将这些分离零件先制成一个整体毛坯。

4）对于形状比较规则的小型零件，为了便于安装和提高机械加工的生产率，可将多件合成一个毛坯，加工到一定阶段后再分离成单件。

4. 选择定位基准

基准是指用来确定生产对象上几何要素间的几何关系所依据的那些点、线、面。根据基准作用的不同，可将基准分为设计基准和工艺基准。

（1）设计基准　在零件图上用来标注尺寸和表面相互位置的基准，称为设计基准。

（2）工艺基准　工艺基准是工件在加工或产品装配中确定其他点、线、面位置所依据的基准。

工艺基准按用途可分为定位基准、测量基准、装配基准及工序基准。

1）定位基准。在加工中用来确定工件在机床或夹具上正确位置的基准，称为定位基准。

2）测量基准。测量基准是指工件在检测时，用来检测工件尺寸和位置公差的基准。

3）装配基准。装配基准是指装配时用来确定工件或部件在机器中位置的基准。

4）工序基准。工序基准是指在工序图上，用来确定加工表面位置的基准。它与加工表面有尺寸、位置要求。

定位基准包括粗基准和精基准。

1）粗基准。第一道工序一般都以毛坯面作为定位基准，这种以毛坯表面作为定位基准的称为粗基准。一般粗基准只使用一次。

选择粗基准时，应满足各个表面都有足够的加工余量，使加工表面对不加工表面有合适的相互位置。粗基准选择的原则是：

①采用工件不需加工的表面作粗基准，以保证加工面与不加工面之间的位置误差为最小。

②如果必须保证工件某重要表面的加工余量均匀，则应选择该表面作为粗基准。

③应尽量采用平整的、足够大的毛坯表面作为粗基准。

④粗基准不能重复使用，这是因为粗基准的表面精度低，不能使工件在两次安装中保持同样的位置。

⑤便于工件的装夹。

2）精基准。采用已加工面作为定位基准的称为精基准。

选择精基准的原则是：

①基准重合原则。尽可能使用设计基准作为精基准，以免产生基准不重合带来的定位误差。

②基准统一原则。应尽可能使更多的表面都用同一个精基准，以减少变换定位基准带来的误差，并使夹具结构统一。

③互为基准原则。当工件上两个加工表面之间的位置精度要求较高时，可以采用两个有相互位置精度要求的加工表面互为基准反复加工的方法，称为互为基准原则。

④自为基准原则。即以加工表面自身作为定位基准的原则，如浮动镗孔、拉孔，它只能提高加工表面的尺寸精度，不能提高表面间的位置精度。

⑤便于安装，并且使夹具结构简单。

⑥尽量选择形状简单、尺寸较大的表面作为精基准，以提高安装的稳定性和精确性。

5. 拟定工艺路线

拟订工艺路线是设计工艺规程最为关键的一步，需顺序完成以下几个方面的工作。

（1）表面加工方法的选择

1）各种加工方法的经济加工精度和表面粗糙度。不同的加工方法，如车、磨、刨、铣、钻、镗等，其用途各不相同，所能达到的精度和表面粗糙度也大不一样。即使是同一种加工方法，在不同的加工条件下所得到的精度和表面粗糙度也不一样，这是因为在加工过程中，将有各种因素对精度和表面粗糙度产生影响，如工人的技术水平、切削用量、刀具的刃磨质量、机床的调整质量等。

某种加工方法的经济加工精度，是指在正常的工作条件下（包括完好的机床设备、必要的工艺装备、标准的工人技术等级、标准的耗用时间和生产费用）所能达到的加工精度。

各种加工方法所能达到的经济加工精度、表面粗糙度等可查《金属机械加工工艺人员手册》。

2）加工方案的选择原则。

①根据加工表面的技术要求，方案必须在保证零件达到图样要求方面是稳定而可靠的，并在生产率和加工成本方面是最经济合理的。

②考虑被加工材料的性质。如淬火钢可用磨削的方法加工；而非铁金属则磨削困难，一般采用金刚镗或高速精密车削的方法进行精加工。

③考虑生产纲领。即考虑生产率和经济性问题，大批大量生产应选用高效率的加工方法，采用专用设备。例如，平面和孔可用拉削加工，轴类零件可采用半自动液压仿型车床加工等。

④考虑本厂的现有设备和生产条件。即充分利用本厂现有的设备和工艺装备。

⑤还应考虑其他特殊要求。

具有一定技术要求的加工表面，一般都不是通过一次加工就能达到图样要求的，对于精密零件的主要表面，往往要通过多次加工才能逐步达到。在选择加工方法时，首先根据零件主要表面的技术要求和工厂具体条件，先选定它的最终工序方法，然后再逐一选定该表面各有关前导工序的加工方法。

（2）机械加工工艺阶段的划分　对于机械加工质量要求较高的零件，为了保证加工质量，便于组织生产，合理安排人力和物力，合理使用设备、合理安排热处理工序，需要将零件机械加工的工艺过程划分成若干阶段。

1）粗加工阶段。粗加工阶段的任务是切除大部分毛坯余量，以提高生产率。

2）半精加工阶段。半精加工阶段的任务是完成零件次要表面的加工，并为主要表面的精加工作准备，目的在于为主要表面的精加工准备好定位基准。

3）精加工阶段。精加工阶段的任务是完成零件主要表面的加工，目的在于保证质量。一般零件的加工过程就到此结束。

4）光整阶段。对于精密零件，由于其上的个别表面需要经过光整加工才能达到技术要求。

划分加工阶段应考虑的因素：保证加工质量；合理利用机床设备；合理安排热处理和检验工序；及时发现毛坯缺陷，及时修补或报废；精加工应放在最后，避免损伤已加工表面。

（3）机械加工工序的合成　制订零件机械加工工艺过程时，在划分加工阶段之后，就可以将同一阶段中的各加工表面组合成若干工序，一般分为两种组合，即工序集中与工序分散。

1）工序集中。按工序集中原则组织工艺过程，就是使每个工序所包括的加工内容尽量多些，将许多工序组成一个集中工序。

最大限度的工序集中，就是在一个工序内完成工件所有表面的加工。

采用数控机床、加工中心按工序集中原则组织工艺过程时，生产适应性好，转产相对容易，虽然设备的一次性投资较高，但由于有足够的柔性，仍然受到越来越多的重视。

工序集中的特点：

①采用高效专用设备及工装，生产效率高。

②减少设备数量，相应减少操作工人和生产面积。

③减少工序数目，简化生产计划。

④减少安装次数，缩短辅助时间，保证位置精度。

⑤缩短加工时间，减少运输工作量，缩短生产周期。

⑥设备结构复杂，投资大，调整、维修困难，转换产品费时。

2）工序分散。按工序分散原则组织工艺过程，就是使每个工序所包括的加工内容尽量少些。

最大限度的工序分散就是每个工序只包括一个简单工步。

传统的流水线、自动线生产基本是按工序分散原则组织工艺过程的，这种组织方式可以实现高生产率生产，但对产品改型的适应性较差，转产比较困难。

工序分散的特点：

①设备简单，调整、维修方便。

②对工人技术要求低，培训时间短。

③生产准备量小，易于平衡工序时间。

④可采用合理的切削用量，缩短基本时间。

⑤易更换产品。

⑥设备数量多，操作工人多，占地面积大。

选择工序集中与工序分散时，应根据企业规模、产品类型、现有条件、零件的结构特点和技术要求、工序节拍等进行设备及工艺装备的选择。

（4）加工工序的安排　复杂工件的机械加工工艺路线通常要经过切削加工、热处理和辅助工序。

1）切削加工工序的安排。

①基准先行（便于定位）。前道工序必须为后道工序准备好定位基准。

②先粗后精（防止变形）。粗加工由于切除的余量较大，切削力和切削热所引起的变形也较大，对于零件上具有较高精度要求的表面，在全部粗加工完成后再进行精加工才能保证质量。

③先主后次（避免浪费）。零件的主要工作表面、装配基准面等要先加工。螺孔、键槽等次要表面由于加工量较小，又与主要表面有位置精度要求，应安排在主要表面加工结束后进行，或穿插在主要加工表面的加工过程中进行。但在精加工阶段，要求高精度的主要表面应安排在最后，以免受其他加工表面的影响。

④先面后孔（保证孔的位置精度）。平面轮廓尺寸较大，且平面定位安装稳定，通常均以平面定位来加工孔。

2）热处理工序的安排。应根据热处理的目的，安排热处理在加工过程中的位置。

去应力处理包括：人工时效，自然时效，退火。

预热处理包括：退火，正火，调质，时效处理。

最终热处理包括：正火，调质，淬火+回火，渗碳淬火，渗氮。

表面处理包括：涂镀、发蓝、发黑。

常用的热处理：

①退火。即将钢加热到一定的温度，保温一段时间，随后在炉中缓慢冷却的一种热处理工序。其作用是消除内应力，提高强度和韧性，降低硬度，改善切削加工性。

应用：高碳钢采用退火，以降低硬度；放在粗加工前、毛坯制造出来以后。

②正火。即将钢加热到一定温度，保温一段时间后从炉中取出，在空气中冷却的一种热处理工序。其中加热到的一定温度，与钢的含碳量有关，一般低于固相线200°左右。其作用是提高钢的强度和硬度，使工件具有合适的硬度，改善切削加工性。

应用：低碳钢采用正火，以提高硬度；放在粗加工前、毛坯制造出来以后。

③回火。即将淬火后的钢加热到一定的温度，保温一段时间，然后置于空气或水中冷却的一种热处理的方法。其作用是稳定组织、消除内应力、降低脆性。

④调质处理（淬火后再高温回火）。其作用是获得细致均匀的组织，提高零件的综合力学性能。

应用：安排在粗加工后、半精加工前。常用于中碳钢和合金钢。

⑤时效处理。其作用是消除毛坯制造和机械加工中产生的内应力。

应用：一般安排在毛坯制造出来和粗加工后。常用于大而复杂的铸件。

⑥淬火。即将钢加热到一定的温度，保温一段时间，然后在冷却介质中迅速冷却，以获

得高硬度组织的一种热处理工艺。其作用是提高零件的硬度。

应用：一般安排在磨削前。

⑦渗碳处理。其作用是提高工件表面的硬度和耐磨性。

应用：安排在半精加工之前或之后进行。

⑧表面处理。即为提高工件表面的耐磨性、耐蚀性安排的热处理工序，以及以装饰为目的而安排的热处理工序。例如镀铬、镀锌、发蓝等，一般都安排在工艺过程的最后阶段进行。

3）辅助工序的安排。零件加工的辅助工序是指检验、去毛刺、倒棱、清洗、防锈、表面强化、退磁、平衡等。

①检验是主要的辅助工序，一般安排在工件粗加工后、从一个车间转入到另一个车间之前、重要加工工序的前后，以及成品入库之前。目的在于查明次品产生原因，保证获得合格的产品。

除了安排几何尺寸检验工序之外，有的零件还要安排无损检测、密封、称重、平衡等检验工序。

②在钢件镗孔和铣削之后，一般要安排去毛刺。

③在零件成品入库之前，或者组装之前，或者工件精密加工之前，一般要安排清洗工序。

④在用磁力夹紧工件的工序之后，要安排去磁工序，不让带有剩磁的工件进入装配线。

（二）机床设备与工艺装备的选择

1. 机床设备的选择

1）所选机床设备的尺寸规格应与工件的形体尺寸相适应。

2）精度等级应与本工序加工要求相适应。

3）电动机功率应与本工序加工所需的功率相适应。

4）机床设备的自动化程度和生产效率应与工件的生产类型相适应。

2. 工艺装备的选择

工艺装备的选择将直接影响工件的加工精度、生产效率和制造成本，应根据不同情况适当选择。

1）在中、小批生产条件下，应首先考虑选用通用工艺装备（包括夹具、刀具、量具和辅具）。

2）在大批大量生产中，可根据加工要求设计制造专用工艺装备。

机床设备和工艺装备的选择不仅要考虑设备投资的当前效益，还要考虑产品改型及转产的可能性，应使其具有足够的柔性。

（三）加工余量的确定

1. 加工余量

为了保证零件的质量（精度和表面粗糙度值），在加工过程中，需要从工件表面上切除的金属层厚度，称为加工余量。

加工余量又有总余量和工序余量之分。

2. 总余量

某一表面的毛坯尺寸与零件设计尺寸之差称为总余量，以 Z_0 表示。

3. 工序余量

该表面加工的相邻两工序尺寸之差称为工序余量 Z_i。

总余量 Z_0 与工序余量 Z_i 的关系可用下式表示

$$Z_0 = \sum_{i=1}^{n} Z_i \tag{4-1}$$

式中　n——某一表面所经历的工序数。

工序余量有单边余量和双边余量之分，如图 4-1 所示。

(1) 单边余量　非对称结构的非对称表面的加工余量，称为单边余量。

$$Z_{a-b} = |a - b| \tag{4-2}$$

式中　Z_{a-b}——本工序的工序余量。

a——上工序的公称尺寸。

b——本工序的公称尺寸。

(2) 双边余量　对称结构的对称表面的加工余量，称为双边余量。

$$2Z_{a-b} = |D(d)_a - D(d)_b| \tag{4-3}$$

式中　Z_{a-b}——本工序的工序余量。

$D(d)_a$——上工序的公称尺寸。

$D(d)_b$——本工序的公称尺寸。

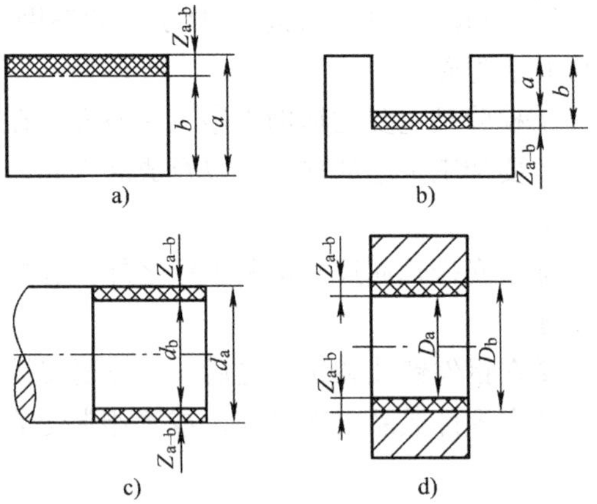

图 4-1　工序余量

a）被包容面（轴、键等）单边余量
b）包容面（孔、键槽等）单边余量
c）被包容面双边余量　d）包容面双边余量

(3) 公称余量（简称余量）、最大余量 Z_{max}、最小余量 Z_{min}　由于工序尺寸有偏差，故各工序实际切除的余量值是变化的，因此，工序余量有公称余量、最大余量 Z_{max}、最小余量 Z_{min}之分，如图 4-2 所示。

对于图 4-2 所示被包容面的加工，本工序加工的公称余量 $Z_{a-b} = l_a - l_b$。

公称余量的变动范围

$$T_Z = Z_{max} - Z_{min} = T_b + T_a \tag{4-4}$$

式中　T_b——本工序的工序尺寸公差；

T_a——上工序的工序尺寸公差。

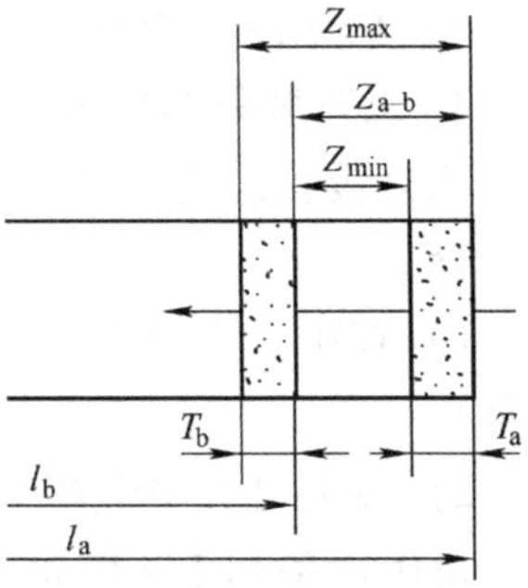

图 4-2　余量变化值

4. 工序尺寸公差的标注

工序尺寸公差一般按“入体原则”标注，如图 4-3 所示。

对被包容尺寸（轴径），上偏差为 0，其最大尺寸就是公称尺寸，如图 4-3a 所示。

对包容尺寸（孔径、键槽），下偏差为 0，其最小尺寸就是公称尺寸，如图 4-3b 所示。

而孔距和毛坯的尺寸公差带常取对称公差带。

余量过小，不能纠正加工误差，质量降低；余量过大，则浪费材料，成本增大。所以，在保证质量的前提下，余量应尽可能小。

5. 影响加工余量的因素

1）上道工序的表面粗糙度值。

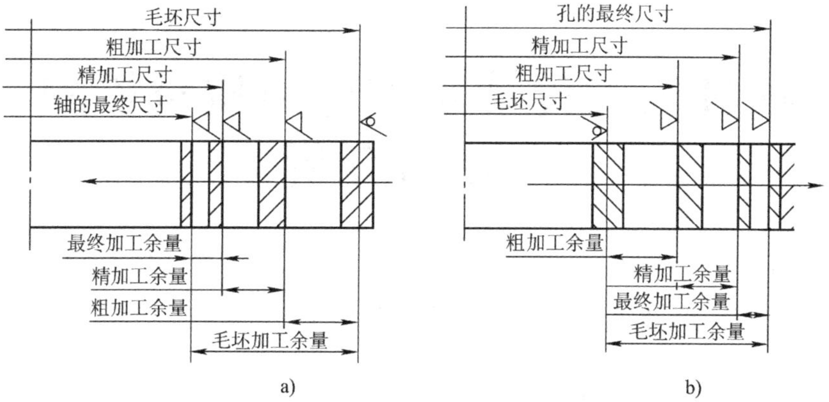

图 4-3　工序尺寸公差标注

a）被包容尺寸（轴径）　b）包容尺寸（孔径、键槽）

2）上道工序的表面缺陷层深度。

3）上道工序各表面相互位置空间偏差。

4）本工序的装夹误差。

5）上工序的尺寸公差 T_a。

6. 加工余量的确定——计算法、查表法和经验估算法

（1）经验估算法　靠经验估算确定，从实际使用情况看，余量选择都偏大；一般用于单件小批量生产。

（2）查表法（各工厂广泛采用查表法）　根据手册中表格的数据确定，应用较多。

（3）计算法（较少使用）　根据实验资料和计算公式综合确定，比较科学，数据较准确；一般用于大批大量生产。

项目五　传动轴零件的质量检测与质量分析

【教学目标】

最终目标：对传动轴零件进行质量检测与质量分析。

促成目标：

1）掌握传动轴零件的质量检测方法。

2）掌握传动轴零件的质量分析方法。

模块1　传动轴零件的质量检测

一、教学目标

最终目标：会检测传动轴零件。

促成目标：

1）掌握常用检测方法。

2）熟悉传动轴常用检测工具。

3）掌握传动轴常用检测工具的操作方法。

4）会使用游标卡尺、千分尺、表面粗糙度测量仪。

二、案例分析

GH1640-30214A传动轴零件的质量检测一般包括三个方面，一是尺寸精度；二是表面粗糙度；三是形状和位置精度。

（1）轴类零件尺寸精度的测量　对于GH1640-30214A传动轴，尺寸精度要求不高，也不复杂，除M24×2mm的外螺纹外，用一般的测量手段就能完成。主要的测量工具为0～200mm游标卡尺，0～25mm螺旋千分尺，M24×2mm螺纹用螺纹千分尺或螺纹塞规（分为通规和止规）。

（2）表面粗糙度的测量　零件的表面粗糙度要求高时，如*Ra*0.4μm以上，用表面粗糙度测量仪进行测量，而零件的表面粗糙度要求不高时，如*Ra*0.4μm以下，用表面粗糙度对照样板进行对比。对于GH1640-30214A传动轴，其最高的表面粗糙度要求为*Ra*3.2μm，一般用表面粗糙度对照样板进行对比即可。

（3）几何精度的测量　几何精度的测量是机械加工中最重要的，也是最难的，有的不是依靠仪器能测量的，需要辅助工具。要知道几何精度怎样测量，先要了解有哪些形状精度的指标和位置精度的指标。机械零件的形状精度主要指单一要素的要求，与其他的点、线、面无关，如直线度、圆度、平面度、圆柱度四种。而机械零件的位置精度主要指两种及两种以上的要素之间的关系，如平行度、垂直度、倾斜度、位置度、同轴度、对称度、圆跳动、全跳动八种。还有两种是既可指单一要素也可指多种要素之间的要求，如线轮廓度和面轮廓度等。

对于 GH1640-30214A 传动轴，从图样上看，几何精度的要求主要是各面的圆跳动。测量时，一种方法是将工件两端的中心孔装在偏摆仪的顶尖上，将百分表（精度高时用千分表）的测头与工件测量表面接触，（需注意两点，一点是测头要与工件测量表面垂直，另一点，测头的预压缩量不要太多，一般为 0.2mm 左右即可）。在没有偏摆仪的情况下可采用第二种方法，即借用车床上加工用的两顶尖进行测量，测量的方法跟第一种相差不多。第三种，可利用“V”形块进行测量，即将轴类零件的一直档作基准放在 V 形槽内，用百分表（精度高时用千分表）的测头与工件测量表面接触（方法与前面相同），旋转工件，测得被测表面与基准面之间的关系，再将它换算成图样上的几何精度要求。

GH1640-30214A 传动轴零件的质量检测方法如下。

（一）外圆和长度的检测

根据图样的标注，被测工件的尺寸公差≥0.02mm，可用游标类量具检测；被测工件的尺寸公差≥0.01mm 时，用千分尺检测。

1. 游标卡尺

（1）游标卡尺的结构　游标卡尺的结构如图 5-1 所示。

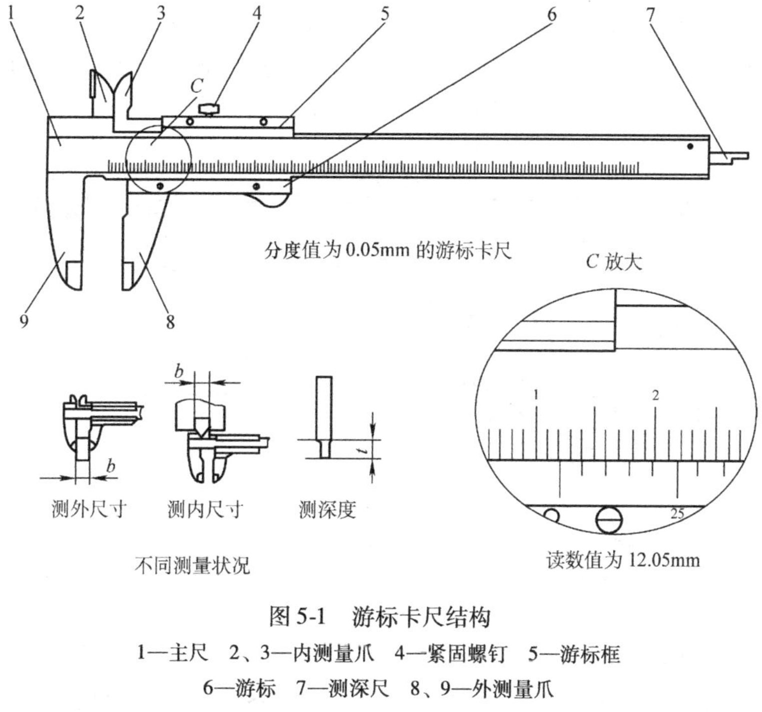

图 5-1　游标卡尺结构

1—主尺　2、3—内测量爪　4—紧固螺钉　5—游标框
6—游标　7—测深尺　8、9—外测量爪

（2）游标卡尺的种类

1）按测量范围分，有 0～150mm、0～200mm、0～300mm、0～500mm、0～1000mm、0～2000mm、0～3000mm。

2）按分度值分，有 0.02mm、0.05mm。

（3）游标卡尺的使用步骤

1）擦干净零件被测表面和游标卡尺的测量爪。

2）校对游标卡尺的零位。若零位不能对正时，记下此时的代数值，最后将零件的各测量数据减去该代数值。

3）用游标卡尺测量标准量块，根据标准量块值熟悉掌握游标卡尺测量爪和工件接触的松紧程度。

4）根据零件的图样标注要求，选择合适的游标卡尺。

5）如果测量外圆，应在圆柱体的不同截面、不同方向测量3～5点，记下读数；若测量长度，可沿圆周位置测量几点，并记录读数。

6）测量外圆时，可用不同分度值的计量器具测量，并对结果进行比较，判断测量的准确性。

7）将测量数据取平均值并和图样要求比较，判断是否其合格。

2. 外径千分尺

（1）外径千分尺结构　外径千分尺的结构如图5-2所示，由固定的尺架1、固定测头2、活动测头3、螺纹轴套4、固定套筒5、微分筒6、测力装置10和锁紧装置11等构成。在固定套筒上有一条水平线，该线上、下各有一列间距为1mm的刻度线，且上面的刻度线正好位于下面两相邻刻度线的中间。微分筒上的刻度线将圆周50等分，它可以做旋转运动。

根据螺旋运动原理，当微分筒旋转一周时，活动测头前进或后退一个螺距0.5mm。这样，当微分筒旋转一个分度值后，即转过了1/50周，这时活动测头沿轴线移动了1/50×0.5mm=0.01mm。所以，千分尺可以准确读出0.01mm的数值。

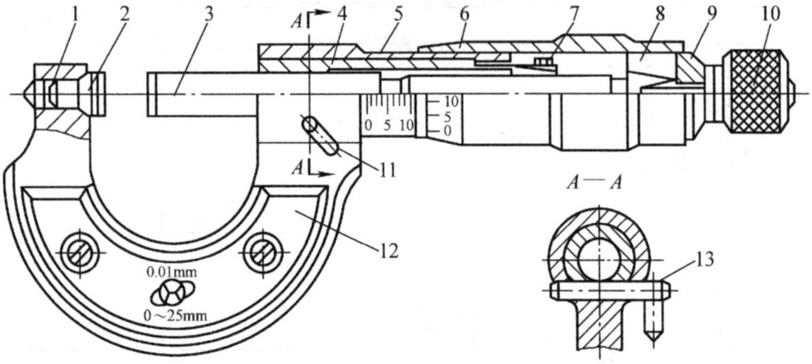

图5-2　外径千分尺

1—尺架　2—固定测头　3—活动测头　4—螺纹轴套　5—固定套筒　6—微分筒　7—调节螺母　8—接头　9—垫片　10—测力装置　11—锁紧装置　12—隔热装置　13—锁紧轴

（2）外径千分尺的种类

1）按测量范围分，有0～25mm、25～50mm、50～75mm、75～100mm、100～125mm。

2）按分度值分，有0.01mm、0.001mm。

（3）外径千分尺的使用步骤

1）擦干净零件被测表面和外径千分尺的测量面。

2）校对外径千分尺的零位。

3）根据零件图样的标注要求，选择合适规格的外径千分尺。

4）如果测量外圆，应在圆柱体的不同截面、不同方向测量3～5点，记下读数；若测量长度，可沿圆周位置测量几点，并记录读数。

5）将测量数据取平均值并和图样要求比较，判断其合格性。

（4）使用外径千分尺的注意事项

1）微分筒和测力装置在转动时不能过分用力。

2）当转动微分筒带动活动测头接近被测工件时，一定要改用测力装置旋转接触被测工件，不能直接旋转微分筒测量工件。

3）当活动测头与固定测头卡住被测工件或锁住锁紧装置时，不能强行转动微分筒。

4）测量时，应手握隔热装置，尽量减少手和外径千分尺金属部分的接触。

5）外径千分尺使用完毕，应用布擦干净，在固定测头和活动测头的测量面间留出空隙，最后放入盒中。如长期不使用，可在测量面上涂上防锈油，置于干燥处。

（二）表面粗糙度的测量

测量表面粗糙度的方法很多，主要有比较法、干涉法、针描法和光切法。

对于 GH1640-30214A 传动轴，其最高的表面粗糙度要求为 $Ra3.2\mu m$，一般用比较法即可。

比较法是指被测表面与标有数值的表面粗糙度标准样板相比较，通过视觉、触感或其他方法进行比较后，对被测表面的表面粗糙度作出评定的方法。比较时，所用的表面粗糙度样板的材料、形状和加工方法尽可能与被测表面相同。这种方法虽然不能准确地得出被测表面的表面粗糙度数值，但由于计量器具简单，评定方便且也能满足一般的生产要求，所以广泛应用于生产现场。

（三）螺纹的检测

螺纹的检测主要分综合检测和单项测量。

1. 综合检测

在实际批量生产中，常常用螺纹量规来综合检测普通螺纹的质量。检测时，按泰勒原则检验，即以牙型完整的通规模拟被测螺纹轮廓的最大实体边界来控制包括螺距误差和牙型半角误差的螺纹作用中径，而用牙型不完整的止规模拟两点法检验实际中径。

螺纹量规，分为塞规和环规，如图 5-3 所示。测量时，通端量规能顺利地与被测螺纹在被检全长上旋合，而止端量规不能完全旋合或不能旋入，则表明被测螺纹是合格的；否则不合格。

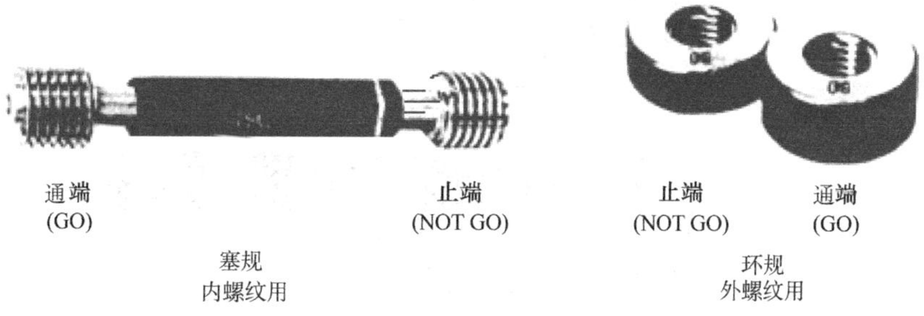

图 5-3　塞规和环规

2. 单项测量

（1）利用三针量法检测梯形螺纹的测量步骤

1）根据图样中梯形螺纹的 M 值选择合适规格的公法线千分尺。

2）擦净零件的被测表面和量具的测量面，按图5-4所示将三针放入螺旋槽中，用公法线千分尺测量并记录读数。

3）重复步骤2），在螺纹的不同截面、不同方向多次测量，逐次记录数据。

4）判断零件的合格性。

图5-4所示为三针量法的原理。

$$d_2 = M - 2AC = M - 2(AD - CD)$$

$$AD = AB + BD = \frac{d_0}{2} + \frac{d_0}{2\sin\frac{\alpha}{2}} = \frac{d_0}{2}\left[1 + \frac{1}{\sin\frac{\alpha}{2}}\right]$$

$$CD = \frac{P}{4}\cot\frac{\alpha}{2}$$

代入得　$$d_2 = M - d_0\left[1 + \frac{1}{\sin\frac{\alpha}{2}}\right] + \frac{P}{2}\cot\frac{\alpha}{2}$$

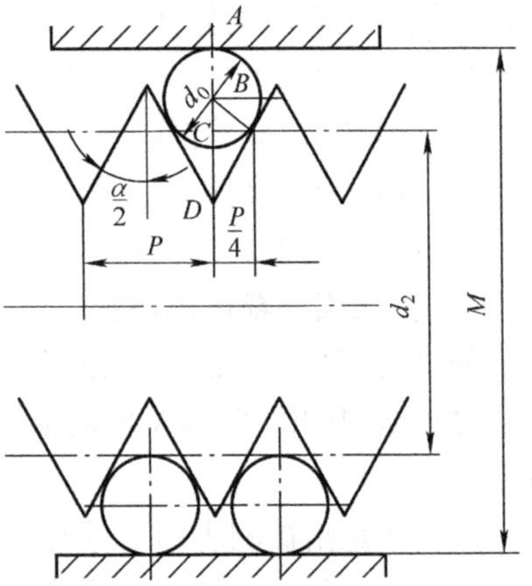

图5-4　三针量法的原理

对于米制螺纹　$\alpha = 60°$：$d_2 = M - 3d_0 + 0.866P$

对于梯形螺纹　$\alpha = 30°$：$d_2 = M - 4.863d_0 + 1.866P$

式中，d_0 为三针直径，d_2 为螺纹的单一中径。

（2）螺纹千分尺测量普通精度的外螺纹中径的测量步骤

1）根据图样上普通螺纹的公称尺寸，选择合适规格的螺纹千分尺。

2）测量时，根据被测螺纹的螺距大小按螺纹千分尺附表选择测头1、2的型号，依图5-5所示的方式将测头装入螺纹千分尺，并读取零位值。

3）测量时，应从不同截面、不同方向多次测量螺纹中径，其值从螺纹千分尺中读取后减去零位的代数值，并记录。

4）查出被测螺纹中径的极限值，判断其中径的合格性。

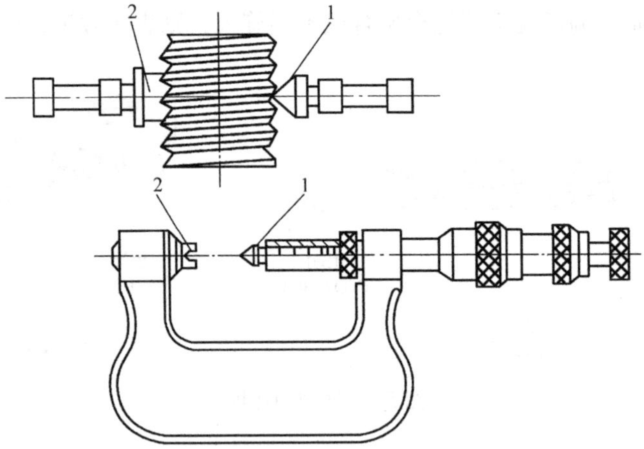

图5-5　螺纹千分尺测量普通精度的外螺纹中径

1、2—测头

三、相关知识

（一）检测的意义

为了满足机械产品的功能要求，在进行零件加工过程的工艺设计（即确定加工方法、加工设备、工艺参数、生产流程）时，还需包括精度检测。它是质量保证措施中特别重要的环节。

"检测"就是确定产品是否满足设计要求的过程，即判断产品合格性的过程。检测的方法可以分为两类：定性检验和定量测试。定性检验的方法只能得到被检验对象合格与否的结论，而不能得到其具体的量值，因其检验效率高、检验成本低而在大批量生产中得到广泛应用。定量测试的方法是在对被检验对象进行测量后，得到其实际值并判断其是否合格的方法。

（二）测量的基本要素

"测量"是以确定量值为目的的全部操作。测量过程实际上就是一个比较过程，也就是将被测量与标准的单位量进行比较，确定其比值的过程。若被测量为 L，计量单位为 E，确定的比值为 q，则测量可表示为

$$L = qE$$

一个完整的测量过程应包含被测对象、计量单位、测量方法（含测量器具）和测量精度四个要素。

（1）被测对象　被测对象在机械加工精度的检测中主要是指有关几何精度方面的参数量，其基本对象是长度和角度。但是，长度量和角度量在各种机械零件上的表现形式却是多种多样的，表达被测对象性能的特征参数也可能是相当复杂的。例如，表面粗糙度的各种评定参数，齿轮的各种误差项目，尺寸公差与几何公差之间的独立与相关关系等。因此，认真分析被测对象的特性，研究被测对象的含义是十分重要的。

（2）计量单位　计量单位（简称单位）是以定量表示同种量的量值而约定采用的特定量。我国规定采用以国际单位制（SI）为基础的"法定计量单位制"。它是由一组选定的基本单位和由定义公式与比例因数确定的导出单位所组成的。如"米（m）""千克（kg）""秒（s）""安（A）"等基本单位和"牛（N）""帕（Pa）""瓦（W）"等导出单位。

机械工程中常用的长度单位有"毫米（mm）""微米（μm）"和"纳米（nm）"。常用的角度单位是非国际单位制的单位"度（°）""分（′）""秒（″）"和国际单位制的辅助单位"弧度（rad）""微弧度（μrad）"。

在测量过程中，测量单位必须以物质形式来体现。能体现计量单位和标准量的物质形式有光波波长、精密量块、线纹尺等。

（3）测量方法　测量方法是根据一定的测量原理，在实施测量过程中对测量原理的运用及其实际操作。广义地说，测量方法可以理解为测量原理、测量器具（计量器具）和测量条件（环境和操作者）的总和。

在实施测量的过程中，应根据被测对象的特点（如材料硬度、外形尺寸、生产批量、制造精度、测量目的等）和被测参数的定义来拟定测量方案、选择测量器具和规定测量条件，合理地获得可靠的测量结果。

（4）测量精度　测量精度是测量结果与被测量真值的一致程度。

真值的定义为：当某量能被完善地确定并能排除所有测量上的缺陷时，通过测量所得到的量值。由于测量会受到许多因素的影响，其过程总是不完善的，即任何测量都不可能没有误差。

对于每一个测量值，都应给出相应的测量误差范围，说明其可信度。不考虑测量精度而得到的测量结果是没有任何意义的。

（三）长度基准

在国际单位制及我国法定计量单位中，长度的基本单位名称是“米”。

1983 年第 17 届国际计量大会上通过了作为长度基准的米的新定义，规定“米”是光在真空中在 1/299792458s 的时间间隔内行进路程的长度。

我国采用碘吸收稳定的 0.633μm 氦氖激光辐射作为波长标准来复现“米”的定义。

（四）量值传递

在实际生产和科研中，不便于用光的波长作为长度基准进行测量，而是采用各种计量器具进行测量。为了保证量值的准确和统一，必须把复现的长度基准的量值逐级准确地传递到生产中所应用的各种计量器具和被测工件上去。因此，必须建立一套从长度的最高基准到被测工件的严密而完整的长度量值传递系统。在组织上，我国的传递系统，上自国务院下到地方，已建立起各级计量管理机构，负责其管辖范围内的计量工具和量值传递工作。在技术上，从国家波长基准开始，长度量值分两个平行的系统向下传递（图 5-6）；一个是线纹量具（线纹尺）系统；另一个是端面量具（量块）系统。其中，以量块为量值传递媒介的系统应用较广。

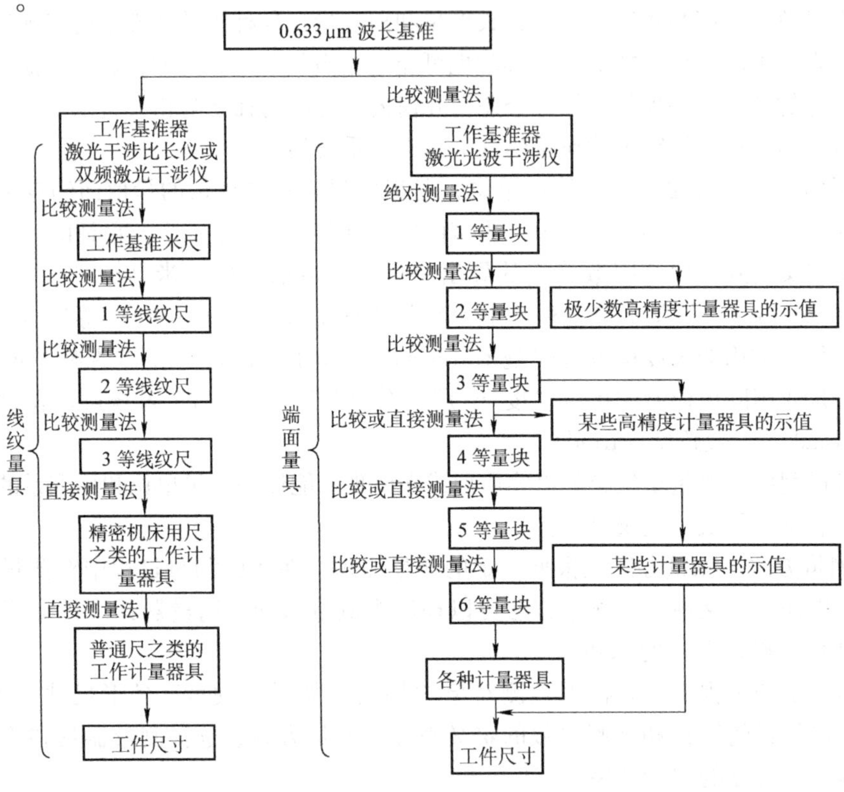

图 5-6　长度量值传递系统

（五）检测的一般步骤

（1）确定被检测项目　认真审阅被测件图样及有关的技术资料，了解被测件的用途，熟悉各项技术要求，明确需要检测的项目。

（2）设计检测方案　根据检测项目的性质、具体要求、结构特点、批量大小、检测设备状况、检测环境及检测人员的能力等多种因素，设计一个能满足检测精度要求，且具有低成本、高效率的检测方案。

（3）选择检测器具　按照规范要求选择适当的检测器具，设计、制作专用的检测器具和辅助工具，并进行必要的误差分析。

（4）检测前准备　清理检测环境并检查是否满足检测要求，清洗标准器、被测件及辅助工具，并对检测器具进行调整，使之处于正常的工作状态。

（5）采集数据　安装被测件，按照设计方案采集测量数据并规范地做好原始记录。

（6）数据处理　对检测数据进行计算和处理，获得检测结果。

（7）填报检测结果　将检测结果填写在检测报告单及有关的原始记录中，并根据技术要求作出合格性的判定。

（六）量块

量块是没有刻度的、横截面为矩形并具有一对相互平行测量面的实物端面量具。量块的测量面可以和另一量块的测量面相研合而组合使用，也可以和具有类似表面质量的辅助体表面相研合而用于量块长度的测量；量块作为长度尺寸传递的实物基准，广泛应用于计量器具的校准、检定、精密划线和精密工件测量等。

量块是用铬锰钢等特殊合金钢制成的，具有线膨胀系数小、不易变形、耐磨性好、硬度高、工作表面的表面粗糙度值小以及研合性好等特点。

1. 量块的构成

量块有长方体的、圆柱体的和角度量块等。图5-7所示为长方体量块，它有2个相互平行的测量面和4个非测量面。2个平行的测量面，其表面光滑平整，表面粗糙度 *Ra* 值达0.08～0.01μm。2平行测量面间有精确的尺寸，该尺寸为量块的标称长度（l_n），在量块上标出。标称长度到5.5mm的量块，其公称值刻印在上测量面上；标称长度大于5.5mm的量块，其公称长度值刻印在上测量面左侧较宽的一个非测量面上。

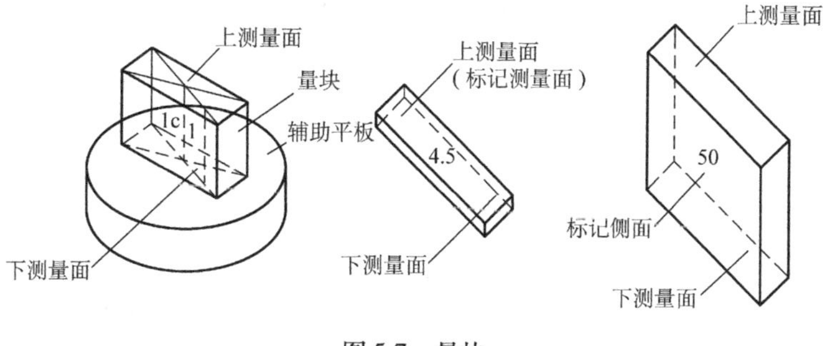

图5-7　量块

2. 量块的组合

量块在使用时，常在一定范围内根据需要将多个尺寸不同的量块研合成量块组，以扩大量块的应用范围，组合成所需要的尺寸。我国成套生产的量块共有17种套别。表5-1列出了常用的三套量块的组合尺寸系列。

为了减少量块的组合误差，应尽量减少量块的组合块数，一般不超过4块。组合量块时，应从所需组合尺寸的最后一位数开始，每选一块至少应减去所需尺寸的一位尾数。例如，使用46块一套的量块组，从中选取量块组成25.021mm。查表5-1，可按如下步骤选择量块尺寸

$$
\begin{array}{rl}
25.021 & \cdots\cdots\text{量块组合尺寸} \\
-\ 1.001 & \cdots\cdots\text{第一块量块尺寸} \\
\hline
24.02 & \\
-\ 1.02 & \cdots\cdots\text{第二块量块尺寸} \\
\hline
23 & \\
-\ 3 & \cdots\cdots\text{第三块量块尺寸} \\
\hline
20 & \cdots\cdots\text{第四块量块尺寸}
\end{array}
$$

表5-1　成套量块的组合尺寸

总块数	级别	尺寸系列/mm	间隔/mm	块数
91	0、1	0.5	—	1
		1	—	1
		1.001、1.002、…、1.009	0.001	9
		1.01、1.02、…、1.49	0.01	49
		1.5、1.6、…、1.9	0.1	5
		2.0、2.5、…、9.5	0.5	16
		10、20、…、100	10	10
83	00、1、2、(3)	0.5	—	1
		1	—	1
		1.005	—	1
		1.01、1.02、…、1.49	0.01	49
		1.5、1.6、…、1.9	0.1	5
		2.0、2.5、…、9.5	0.5	16
		10、20、…、100	10	10
46	0、1、2	1	—	1
		1.001、1.002、…、1.009	0.001	9
		1.01、1.02、…、1.09	0.01	9
		1.1、1.2、…、1.9	0.1	9
		2、3、…、9	1	8
		10、20、…、100	10	10

3. 量块的精度

（1）量块的级　按国标 GB/T 6093—2001《几何量技术规范（GPS）　长度标准　量块》对量块按制造精度分 5 级，即 0、1、2、3 和 K 级，其中 0 级精度最高，3 级最低，K 级为校准级，主要是根据量块长度极限偏差和量块长度变动量的最大允许值来划分的。

量块生产企业大都按“级”向市场销售量块。用量块长度极限偏差（中心长度与标称长度允许的最大误差）控制一批相同规格量块的长度变动范围；用量块长度变动量（量块最大长度与最小长度之差）控制每一个量块两测量面间各对应点的长度变动范围。用户则按量块的标称尺寸使用量块。因此，按“级”使用量块必然受到量块长度制造偏差的影响，将把制造误差带入测量结果。

（2）量块的等　制造高精度量块的工艺要求高、成本也高，而且即使制造成高精度量块，在使用一段时间后，也会因磨损而引起尺寸减小，使其原有的精度级别降低。因此使用一段时间后的量块，要定期送专业部门按照标准对其各项精度指标进行检定，确定符合哪一“等”，并在检定证书中给出标称尺寸的修正值。

国家计量局标准 JJG 146—2011《量块》按检定精度将量块分为 5 等，即 1、2、3、4、5 等，其中 1 等精度最高，5 等精度最低。

量块的“级”和“等”是从成批制造和单个检定两种不同的角度出发，对其精度进行划分的两种形式。主要以长度的测量不确定度分“等”，以长度的偏差分“级”。

量块按“级”使用时，以标记在量块上的标称尺寸作为工作尺寸，该尺寸包含其制造误差。

量块按“等”使用时，必须以检定后的实际尺寸作为工作尺寸，该尺寸不包含制造误差，但包含了检定时的测量误差。

就同一量块而言，检定时的测量误差要比制造误差小得多。所以，量块按“等”使用时其精度比按“级”使用时要高，且能在保持量块原有使用精度的基础上延长其使用寿命。

4. 量块使用的注意事项

1）量块必须在有效期内使用，否则应及时送法定检测机构检定。

2）使用环境良好，防止各种腐蚀性物质及灰尘对测量面的损伤，影响其研合性。

3）分清量块的“级”与“等”，注意使用规则。

4）所选量块应用航空汽油清洗，洁净软布擦干，待量块温度与环境温度相同后方可使用。

5）轻拿、轻放量块，杜绝磕碰、跌落等情况的发生。

6）不得用手直接接触量块，以免造成汗液对量块的腐蚀及手温对测量精确度的影响。

7）使用完毕，应用航空汽油清洗所用量块，擦干后涂上防锈脂存于干燥处。

（七）计量器具

计量器具是量具、量规、量仪和其他用于测量的测量装置的总称。

1. 计量器具的分类

计量器具按结构特点可分为量具、量规、量仪和测量装置四类。

（1）量具　量具是一种具有固定形态、用以复现或提供一个或多个已知量值的器具。可分为单值量具（如量块）和多值量具（如线纹尺）。量具的特点是一般没有放大装置。

（2）量规　量规是没有刻度的专用计量器具，用来检验工件实际尺寸和几何误差的综合结果。量规只能判断工件是否合格，而不能获得被测几何量的具体数值，如光滑极限量规、螺纹量规等。

（3）量仪　量仪是指能将被测量转换成可直接观测的指示值或等效信息的计量器具。其特点是一般都有指示、放大系统。根据所测信号的转换原理和量仪本身的结构特点，量仪可分为以下几种：

1）卡尺类量仪。如数显卡尺、游标卡尺等。

2）微动螺旋副类量仪。如数显等千分尺、普通千分尺等。

3）机械类量仪。如百分表、千分表等。

4）光学类量仪。如工具显微镜、测长仪等。

5）气动类量仪。如压力式量仪。

6）电学类量仪。如电感比较仪。

7）机电类综合类量仪。如齿轮测量中心等。

（4）测量装置　指为确定被测量所必需的测量和辅助设备的总体。

2. 计量器具的度量指标

度量指标是用来说明计量器具的性能和功用的。它是选择和使用计量器具，研究和判断测量方法正确性的依据。基本度量指标如下：

（1）刻度间距　刻度间距是指计量器具的刻度尺或度盘上相邻两刻度线中心之间的距离。为便于目视估计，一般刻度间距为 1 ~2. 5mm。

（2）分度值（刻度值）　分度值是指在计量器具的刻度尺或度盘上，相邻两刻线间所能直接读出的最小单位量值，它反映了读数精度的高低，从一个侧面说明了该计量器具的测量精度高低。分度值通常取 1、2、5 的倍数，一般来说，分度值越小，计量器具的精度越高。如千分表的分度值为 0. 001mm，百分表的分度值为 0. 01mm。对于数显式仪器，其分度值称为分辨率。

（3）示值范围　示值范围是指计量器具所显示或指示的最小值到最大值的范围。如光学比较仪的示值范围为 ±0. 1mm。

（4）测量范围　测量范围是指计量器具所能测量零件的最小值到最大值的范围。如外径千分尺的测量范围有 0 ~25mm、25 ~50mm，机械式比较仪的测量范围为 0 ~180mm 等。

（5）灵敏度　灵敏度是指计量器具对被测量变化的反应能力。

（6）示值误差　示值误差是指计量器具上的示值与被测量真值的代数差，是测量仪器本身各种误差的综合反映。因此，仪器示值范围内的不同工作点，其示值误差是不相同的。一般可用适当精度的量块或其他计量标准器来检定计量器具的示值误差。

（7）示值变动　示值变动是指在测量条件的情况下，用计量器具对被测量测量多次（一般 5 ~10 次）所得示值的最大差值。

（8）回程误差（滞后误差）　回程误差是指在相同条件下，被测量值不变，计量器具进行往返两个方向测量时，计量器具示值的最大变动量。它是由计量器具中测量系统的间隙、变形和摩擦等原因引起的。

（9）测量力　测量力是指计量器具的测头与被测表面之间的接触力。在接触测量中，要求有一定的恒定测量力。测量力太大会使零件或测头产生弹性变形；测量力太小会使示值不稳定。

（八）测量方法

测量方法是指进行测量时所采用的测量原理、测量器具和测量条件的总和。测量方法可以从不同的角度分类。

1. 按是否直接获得被测量值分类

（1）直接测量　直接测量是指直接从计量器具获得被测量值的测量方法。例如用游标卡尺、外径千分尺测量外圆直径等。

（2）间接测量　间接测量是指先测出与被测量有一定函数关系的相关量，然后按相应的函数关系式求得被测量的测量结果。如测量大尺寸圆柱形零件的直径 D 时，先测出其周长 L，然后再按公式 $D=L/\pi$ 求得零件的直径 D。

为减少测量误差，一般都采用直接测量，必要时才用间接测量。

2. 按示值是否是被测量的全值分类

（1）绝对测量　绝对测量是指被测量的全值从计量器具的读数装置直接读出的测量方法。例如用游标卡尺测量外圆直径。

（2）相对测量　相对测量是指计量器具的示值仅表示被测量对已知标准量的偏差，而被测量的量值为计量器具的示值与标准量的代数和的测量方法。如用比较仪测量时，先用量块调整仪器零位，然后测量被测量，所获得的示值就是被测量相对于量块尺寸的偏差。

一般说来，相对测量的测量精度比绝对测量的测量精度高。

3. 按测量时计量器具的测头与被测表面之间是否有机械力分类

（1）接触测量　接触测量是指计量器具的测头与零件被测表面接触后有机械作用力的测量。如用外径千分尺、游标卡尺测量零件等。为了保证接触的可靠性，测量力是必要的，但它可能使计量器具及被测件发生变形而产生测量误差，还可能造成对零件被测表面质量的损坏。

（2）非接触测量　非接触测量是指计量器具的感应元件与被测零件表面不直接接触的测量，因而不存在机械作用的测量力。属于非接触测量的仪器主要利用光、气、电、磁等作为感应元件与被测零件表面联系。如干涉显微镜、磁力测厚仪、气动量仪等。

4. 按同时被测参数的多少分类

（1）单项测量　单项测量是指单独地、彼此没有联系地测量零件的各个单项参数。如分别测量齿轮的齿厚、齿形、齿距等。这种方法一般用于量规的检定、工序间的测量，或为了工艺分析、调整机床等目的。

（2）综合测量　综合测量是指检测零件几个相关参数的综合效应或综合参数，从而综合判断零件的合格性。例如齿轮运动误差的综合测量、用螺纹量规检验螺纹的作用中径等。综合测量一般用于终结检验，其测量效率高，能有效保证互换性，在大批量生产中应用广泛。

单项测量的效率比综合测量低，但单项测量的结果便于工艺分析。

5. 按被测量是否在加工过程中进行分类

（1）在线测量　在线测量是指在加工过程中对工件进行测量的方法。其测量结果用来控制工件的加工过程，决定是否要继续加工，可及时防止废品的产生。

（2）离线测量　离线测量是指在加工后对工件进行测量的测量方法，测量结果仅限于发现并剔除废品。

在线测量使检验与加工过程紧密结合，以保证产品质量，因而是检测技术的发展方向。

6. 按被测工件在测量时所处状态分类

（1）静态测量　静态测量是指测量时被测工件表面与计量器具测头处于静止状态的测量方法。例如用外径千分尺测量轴径、用齿距仪测量齿轮齿距等。

（2）动态测量　动态测量是指测量时被测工件表面与计量器具测头处于相对运动状态，或测量过程是模拟零件在工作或加工时的运动状态的测量方法，它能反映生产过程中被测参数的变化过程。例如用电动轮廓仪测量表面粗糙度等。

7. 按决定测量结果的全部因素和条件是否变化分类

（1）等精度测量　等精度测量是指决定测量精度的全部因素或条件都不变的测量。如由同一人员，使用同一台仪器，在同样的条件下，以同样的方法和测量次数，同样仔细地测量同一个量的测量。在一般情况下，为了简化测量结果的处理，大都采用等精度测量。实际上，绝对的等精度测量是做不到的。

（2）不等精度测量　不等精度测量是指在测量过程中，决定测量精度的全部因素或条件可能完全改变或部分改变的测量。不等精度测量的数据处理比较麻烦，只运用于重要的科研实验中的高精度测量。

测量结果不仅取决于测量器具，还受到测量条件的影响。测量条件是指测量时工件和量具所处的地点和环境。测量环境包含温度、湿度、气压、振动和灰尘等因素。测量的标准温度为 20℃。计量室的温度一般控制在 20° ±0.5°，并要求被测对象与计量器具在相同的温度下（20° ±0.5°）测量。计量室的湿度以 50% ~60% 为宜，被测对象还应远离振动，测量环境应清洁度高。

（九）尺寸检验

在车间生产现场，通常只进行一次测量来判断工件合格与否。由于测量过程不可避免地存在误差，就会使得测量值在工件的极限尺寸附近时，有可能将本来处在公差带之内的合格品判为废品（误废），或将本来处在公差带之外的废品判为合格品（误收）。

为了保证产品质量，国家标准 GB/T 3177—2009《产品几何技术规范（GPS）　光滑工件尺寸的检验》对验收原则、验收极限和计量器具的选择等作了规定。

1. 验收原则与验收极限

（1）验收原则　验收原则是所用验收方法应只接收位于规定的极限尺寸之内的工件，即允许有误废而不允许有误收。

为了保证验收原则的实现，保证零件达到互换性要求，将误收减至最小，规定了验收极限。

（2）验收极限　验收极限是指检验工件尺寸时判断合格与否的尺寸界限。国家标准规定，验收极限可以按照下列两种方法之一确定。

1）内缩的验收极限。如图 5-8 所示，验收极限是从图样上规定的最大实体尺寸和最小实体尺寸分别向工

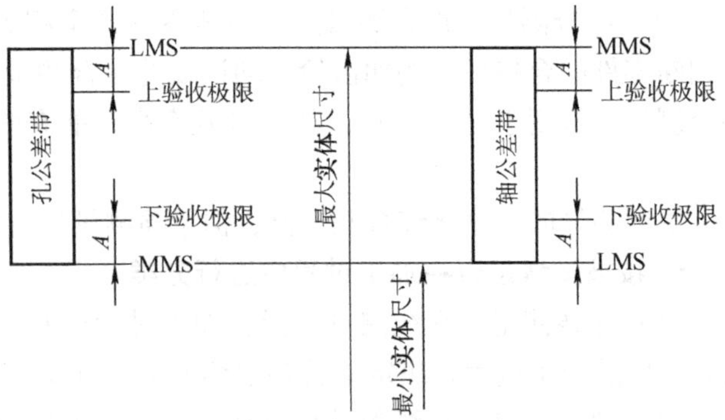

图 5-8　内缩的验收极限

件公差带内移动一个安全裕度 A 来确定。即

轴尺寸的验收极限：　上验收极限 = 最大实体尺寸 − A

下验收极限 = 最小实体尺寸 + A

孔尺寸的验收极限：　上验收极限 = 最小实体尺寸 − A

下验收极限 = 最大实体尺寸 + A

A 值选得大，易保证产品质量，但公差减小过多，误废率增大，经济性差。

A 值选得小，加工经济性好，但为了保证较小的误收率就要提高对计量器具精度的要求，器具选择困难。因此，国家标准（GB/T 3177—2009）规定 A 值按工件公差（T）的 1/10 确定，见表 5-2。

因验收极限向内移动，在生产时工件不能按原来的极限尺寸加工，应按由验收极限所确定的范围生产，此范围称“生产公差”。即

生产公差 = 上验收极限 − 下验收极限

2）不内缩的验收极限。验收极限等于图样上规定的最大极限尺寸和最小极限尺寸，即 A 值等于零。

（3）验收极限的选择原则　具体选择哪一种方法，要结合工件尺寸的功能要求、重要程度、尺寸公差等级、测量不确定度和过程能力等因素综合考虑。具体原则是：

1）对符合包容要求的尺寸、公差等级高的尺寸，其验收极限按方法一确定。

2）当过程能力指数 $C_p \geqslant 1$ 时，其验收极限可以按方法二确定。过程能力指数 C_p 值是工件公差值 T 与加工设备工艺能力 C_σ 的比值。

3）对非配合和一般的尺寸，其验收极限按方法二确定。

4）对偏态分布的尺寸，其验收极限可以仅对尺寸偏向的一边按方法一确定。

2. 计量器具的选择

计量器具的选择主要取决于计量器具的技术指标和经济指标，应综合考虑以下几方面的因素：

（1）测量精度　所选的计量器具的精度指标必须满足被测对象的精度要求，才能保证测量的准确度。被测对象的精度要求主要由其公差的大小来体现。公差值越大，对测量的精度要求就越低；公差越小，对测量的精度要求就越高。

为了保证测量的可靠性和量值的统一，国家标准规定：按照计量器具的测量不确定度允许值 μ_1 选择计量器具。μ_1 值见表 5-2，其值大小分为Ⅰ、Ⅱ、Ⅲ三挡，分别约为工件公差的 1/10、1/6、1/4。对于 IT6 ~ IT11，μ_1 值分为Ⅰ、Ⅱ、Ⅲ三挡；对于 IT12 ~ IT18，μ_1 值分为Ⅰ、Ⅱ两挡。一般情况下，优先选用Ⅰ挡，其次是Ⅱ、Ⅲ挡。

表 5-3 与表 5-4 给出了在车间条件下常用的千分尺和游标卡尺、比较仪和指示表的不确定度。在选择计量器具时，所选用的计量器具的不确定度应小于或等于计量器具不确定度的允许值。

（2）测量成本　在保证测量准确度的前提下，应考虑计量器具的价格、使用寿命、检定修理时间、对操作人员技术熟练程度的要求等。宜选用价格较低、操作方便、维护保养容易、操作培训费用少的计量器具，以降低测量成本。

（3）被测件的结构特点及检测数量　所选计量器具的测量范围必须大于被测尺寸。对于硬度低、材质软、刚度差的零件，一般选取用非接触测量，如用光学投影放大、气动、光

电等原理的计量器具进行测量。当被测件数较多（大批量）时，应选用专用计量器具或自动检验装置。对于单件或少量的测量，可选用万能计量器具。

表 5-2　安全裕度（A）与计量器具的测量不确定度允许值（u_1）（摘自 GB/T 3177—2009）

（单位：μm）

公差等级		6					7					8					9				
公称尺寸/mm		T	A	u_1			T	A	u_1			T	A	u_1			T	A	u_1		
>	至			Ⅰ	Ⅱ	Ⅲ			Ⅰ	Ⅱ	Ⅲ			Ⅰ	Ⅱ	Ⅲ			Ⅰ	Ⅱ	Ⅲ
—	3	6	0.6	0.5	0.9	1.4	10	1.0	0.9	1.5	2.3	14	1.4	1.3	2.1	3.2	25	2.5	2.3	3.8	5.6
3	6	8	0.8	0.7	1.2	1.8	12	1.2	1.1	1.8	2.7	18	1.8	1.6	2.7	4.1	30	3.0	2.7	4.5	6.8
6	10	9	0.9	0.8	1.4	2.0	15	1.5	1.4	2.3	3.4	22	2.2	2.0	3.3	5.0	36	3.6	3.3	5.4	8.1
10	18	11	1.1	1.0	1.7	2.5	18	1.8	1.7	2.7	4.1	27	2.7	2.4	4.1	6.1	43	4.3	3.9	6.5	9.7
18	30	13	1.3	1.2	2.0	2.9	21	2.1	1.9	3.2	4.7	33	3.3	3.0	5.0	7.4	52	5.2	4.7	7.8	12
30	50	16	1.6	1.4	2.4	3.6	25	2.5	2.3	3.8	5.6	39	3.9	3.5	5.9	8.8	62	6.2	5.6	9.3	14
50	80	19	1.9	1.7	2.9	4.3	30	3.0	2.7	4.5	6.8	46	4.6	4.1	6.9	10	74	7.4	6.7	11	17
80	120	22	2.2	2.0	3.3	5.0	35	3.5	3.2	5.3	7.9	54	5.4	4.9	8.1	12	87	8.7	7.8	13	20
120	180	25	2.5	2.3	3.8	5.6	40	4.0	3.6	6.0	9.0	63	6.3	5.7	9.5	14	100	10	9.0	15	23
180	250	29	2.9	2.6	4.4	6.0	46	4.6	4.1	6.9	10	72	7.2	6.5	11	16	115	12	10	17	26
250	315	32	3.2	2.9	4.8	7.2	52	5.2	4.7	7.8	12	81	8.1	7.3	12	18	130	13	12	19	29
315	400	36	3.6	3.2	5.4	8.1	57	5.7	5.1	8.4	13	89	8.9	8.0	13	20	140	14	13	21	32
400	500	40	4.0	3.6	6.0	9.1	63	6.3	5.7	9.5	14	97	9.7	8.7	15	22	155	16	14	23	35

表 5-3　千分尺和游标卡尺的不确定度　　　（单位：mm）

<table>
<tr><th rowspan="3">尺寸范围</th><th colspan="4">计量器具的类型</th></tr>
<tr><th>分度值 0.01
外径千分尺</th><th>分度值 0.01
内径千分尺</th><th>分度值 0.02
游标卡尺</th><th>分度值 0.05
游标卡尺</th></tr>
<tr><th colspan="4">不 确 定 度</th></tr>
<tr><td>0 ~ 50</td><td>0.004</td><td rowspan="3">0.008</td><td rowspan="6">0.020</td><td rowspan="4">0.050</td></tr>
<tr><td>50 ~ 100</td><td>0.005</td></tr>
<tr><td>100 ~ 150</td><td>0.006</td></tr>
<tr><td>150 ~ 200</td><td>0.007</td><td rowspan="3">0.013</td></tr>
<tr><td>200 ~ 250</td><td>0.008</td><td rowspan="8">0.100</td></tr>
<tr><td>250 ~ 300</td><td>0.009</td></tr>
<tr><td>300 ~ 350</td><td>0.010</td><td rowspan="3">0.020</td><td rowspan="7">—</td></tr>
<tr><td>350 ~ 400</td><td>0.011</td></tr>
<tr><td>400 ~ 450</td><td>0.012</td></tr>
<tr><td>450 ~ 500</td><td>0.013</td><td>0.025</td></tr>
<tr><td>500 ~ 600</td><td rowspan="3">—</td><td rowspan="3">0.030</td></tr>
<tr><td>600 ~ 700</td></tr>
<tr><td>700 ~ 800</td><td>0.015</td></tr>
</table>

表 5-4　比较仪和指示表的不确定度　（单位：μm）

<table>
<tr><th rowspan="2">名称</th><th rowspan="2">分度值</th><th rowspan="2">放大倍数
或量程范围</th><th colspan="9">尺寸范围/mm</th></tr>
<tr><th>25</th><th>25 ~ 40</th><th>40 ~ 65</th><th>65 ~ 90</th><th>90 ~ 115</th><th>115 ~ 165</th><th>165 ~ 215</th><th>215 ~ 265</th><th>265 ~ 315</th></tr>
<tr><td rowspan="4">比较仪</td><td>0.5</td><td>2000 倍</td><td>0.6</td><td>0.7</td><td colspan="2">0.8</td><td>0.9</td><td>1</td><td>1.2</td><td>1.4</td><td>1.6</td></tr>
<tr><td>1</td><td>1000 倍</td><td colspan="2">1</td><td colspan="2">1.1</td><td>1.2</td><td>1.3</td><td>1.4</td><td>1.6</td><td>1.7</td></tr>
<tr><td>2</td><td>400 倍</td><td>1.7</td><td colspan="3">1.8</td><td colspan="2">1.9</td><td>2</td><td>2.1</td><td>2.2</td></tr>
<tr><td>5</td><td>250 倍</td><td colspan="6">3</td><td colspan="3">3.5</td></tr>
<tr><td rowspan="6">千分尺</td><td rowspan="2">1</td><td>0 级全程内</td><td colspan="5" rowspan="3">5</td><td colspan="4" rowspan="3">6</td></tr>
<tr><td>1 级 0.2mm 内</td></tr>
<tr><td>2</td><td>1 转内</td></tr>
<tr><td>1</td><td rowspan="3">1 级全程内</td><td colspan="9" rowspan="4">10</td></tr>
<tr><td>2</td></tr>
<tr><td>5</td></tr>
<tr><td rowspan="4">百分表</td><td rowspan="4">10</td><td>0 级任意 1mm 内</td></tr>
<tr><td>0 级全程内</td><td colspan="9" rowspan="2">18</td></tr>
<tr><td>1 级任意 1mm 内</td></tr>
<tr><td>1 级全程内</td><td colspan="9">30</td></tr>
</table>

注：测量时，使用的标准器由 4 块 1 级（或 4 等）量块组成。

四、思考与练习

试分析测量方法和测量工具与测量精度的关系。

模块 2　传动轴零件的质量分析

一、教学目标

最终目标：掌握传动轴零件的质量分析方法。

促成目标：

1）熟悉传动轴零件加工方法对零件质量的影响因素、常见质量问题及质量分析方法。

2）能对加工过程中出现的质量问题进行分析。

二、案例分析

1. 传动轴零件的质量问题

GH 1640—30214A 传动轴的加工除机床、刀具、测量设备和测量技术、调整因素等外，主要质量问题是轴向尺寸难控制、径向圆跳动或轴向圆跳动难控制、螺纹尺寸难控制三方面的问题。

（1）轴向尺寸难控制主要有两方面问题

1）中心孔大小未控制好。

2）在加工过程中，定位基准选择不正确。

（2）径向圆跳动或轴向圆跳动难控制主要有两方面问题

1）顶尖顶得太紧或太松。

2）选用的顶尖质量不好。

（3）螺纹尺寸难控制主要有两方面的问题

1）螺纹底径浅，牙型又尖，主要是牙型角太大或牙型圆弧半径太大。

2）螺纹通规不能过，而止规能过，主要问题是牙型角应尽量小点。

2. 传动轴零件的质量分析

传动轴零件的质量主要存在三个方面的问题，即轴向尺寸的误差、径向圆跳动的误差、螺纹加工的误差（太松或太紧等）等，但也有少部分因测量、加工试切等原因产生的尺寸和形状误差。根据零件检验记录（零件不合格品通知单）反馈的情况，把每一次产生不合格的原因、数量、加工设备、操作者等统计出来，分析所获得的数据，并提出整改的方法。

三、相关知识

1. 产生质量问题的原因

要了解传动轴零件加工过程的质量控制，先要了解机械加工过程中产生质量问题的原因。

1）工艺系统误差。主要原因是采用近似方法加工，如用成形铣刀加工齿轮。

2）工件装夹误差。由于定位方法不理想，定位基准与设计基准不重合等产生的误差。

3）夹具的制造、安装误差与夹具磨损等产生的误差。

4）机床误差。机床系统中的各方面也存在一定的误差，从而影响零件的加工误差。

5）刀具制造误差和刀具使用后磨损产生的误差。

6）工件误差。工件本身的定位面存在形状和位置、尺寸等公差。

7）工件在加工过程中因受力、受热等的影响，使工件产生变形而产生的误差。

8）测量误差。由于受测量设备和测量技术的影响而产生的误差。

9）调整误差。在调整刀具和工件的正确的相对位置时，由于受测量、机床及人为等因素的影响而产生的误差。

2. 提高加工精度的途径

提高加工精度的方法主要有两种，即误差预防和误差补偿（减少误差法、误差补偿法、误差分组法、误差转移法、就地加工法以及误差平均法）等。

（1）误差预防技术

1）直接减小原始误差。主要是在查明影响加工精度的主要原始误差因素之后，设法对其直接进行消除或减小的方法。

例如：加工细长轴时，主要原始误差因素是工件刚度差，因而，采用反向进给切削法，并加跟刀架，使工件受拉伸，从而达到减小变形的目的。

2）转移原始误差。即把影响加工精度的原始误差转移到不影响或少影响加工精度的方向上。

例如：车床的误差敏感方向是工件的直径方向，所以，转塔车床在生产中都采用“立刀”安装法，把切削刃的切削基面放在垂直平面内，这样可把刀架的转位误差转移到误差不敏感的切线方向。

3）均分原始误差。采用分组调整，把误差均分，即把工件按误差大小分组，若分成 n 组，则每组零件的误差就缩小 $1/n$。

4）就地加工法。例如：车床尾座顶尖孔的轴线要求与主轴轴线重合，采用就地加工，把尾座装配到机床上后进行最终精加工。又如：转塔车床上六个安装刀架的大孔及端面的加工也采用就地加工。

（2）误差补偿技术

1）在线检测。即加工中随时测量工件的实际尺寸，随时给刀具补偿的方法。

2）偶件自动配磨。此法是将互配的一个零件作为基准，去控制另一个零件的加工精度的方法。

四、思考与练习

产生质量问题的原因有哪些？

项目六　认识生产管理

【教学目标】

最终目标：能胜任担当一个班组长的角色。

促成目标：

1）熟悉生产组织与管理。

2）掌握班组管理的基本知识。

模块1　生产组织与管理

一、教学目标

最终目标：熟悉生产组织与管理的基本内容和知识。

促成目标：

1）了解生产管理。

2）熟悉生产现场管理。

3）熟悉定置管理。

4）熟悉“5S”活动。

5）熟悉生产现场诊断。

二、相关知识

（一）生产管理基础

1. 生产

（1）生产的基本概念　通俗地理解制造物品即可称为“生产”，当然要制造出具有某种用途、对社会有用的物品。

制造物品时，存在如下三个基本问题：

1）完成的时间——交货日期。

2）制造的内容——品质。

3）制造所需的费用——成本。

（2）生产的本质　运用材料（Material）、机械设备（Machine）、人（Man），结合作业方法（Method），即所谓的4M，达成品质（Quality）、成本（Cost）、交货期（Delivery），即Q、C、D要求的作业活动，谓之生产。

2. 生产的分类

按工艺特性，生产可分为加工装配型和流程型两大类。加工装配型生产是指产品是由离散的零部件装配而成的，物料运动呈离散状态。流程型生产是指物料是均匀、连续地按一定工艺顺序运动的。

按照企业组织生产的特点，可以把加工装配型生产分为预估生产（备货）型生产（make-to-stock，MTS）与订货型生产（make-to-order，MTO）两种。

（1）预估生产型　即为一个由不特定顾客所构成的市场需求，对产品的式样、品质、规格等先做预估、再从事生产的形态。如食品、服装、汽车、家电等行业就属预估生产。预估生产除作业度安定、成本较低外，还具有如下特征：

1）依销售预测来进行生产，且大都为大量生产。

2）产品的设计在一定期间内定型化。

3）使用的机械设备大都为专机、单能机。

4）工厂的布置基本依据产品类型来确定。

5）产品的单位制造周期较短。

6）采用流程作业方式，作业细分化，对员工的作业熟练度要求不很高。

7）所需的材料，可依生产计划有计划地采购。

预估生产的关键在于销售预测，销售预测误差必须减少到最少极限。

（2）订货生产型　即每次生产时，依顾客所要求的式样、品质、规格等进行组织、安排。典型的如造船、土建工程等。一般来说，订货生产多为多品种少量生产，所以工作量不稳定，程序变更频繁，机械运转率较低，作业度容易改变，但由于是接到订单才生产，能做到健康经营。订货生产主要具有如下特征：

1）依照订货进行生产，基本上是多品种少量生产。

2）接受订单后才进行设计或生产组织。

3）使用的机械设备多为通用的机械。

4）工厂布置大都机种别或固定型来进行。

5）产品的制造周期较长。

6）对作业人员的熟练度要求高。

7）所需的材料除通用品、标准品外，需要每次订购。

订货生产的关键在于如何在确保品质的前提下，缩短交货期。

（3）混合生产型　即预估生产与订货生产的混合。

3. 生产管理

生产管理是指对生产与运作活动的计划、组织和控制。企业是一个有机的整体，企业管理就是一个完整的系统，它是由许多子系统组成的。生产管理作为一个子系统，在企业管理系统中处于什么地位，主要从它和其他子系统之间的关系上来考察。

（1）生产管理与其他子系统的关系

1）生产管理与经营决策的关系。它们之间是决策和执行的关系。

经营决策——决策性地位；处于企业的上层，确定企业的目标、方针、战略、计划。

生产管理——执行性地位；处于企业的中层，根据经营决策下达的具体任务组织生产活动并保证实现。

2）生产管理与技术开发管理。它们在企业管理系统中同处于执行性地位，保持着密切的协作关系。

技术开发——为生产管理提供设计图样、先进生产技术、先进制造材料等。技术开发管理是生产管理的技术保证和后盾。

生产管理——为技术开发管理进行的科学实验提供信息和设备。

3）生产管理与销售管理的关系。生产管理为销售部门提供满足市场消费、适销对路的产品和零部件，搞好生产管理对开展销售管理工作、提高产品的市场占有率和增添企业活力有重要的意义。生产管理对销售管理起保障作用。同时，销售管理为生产提供市场信息，是生产管理的产品的价值实现的保证。生产管理与销售管理同处于生产性的地位，有着十分紧密的协作关系。

（2）生产管理的内容　生产管理工作内容如图6-1所示。

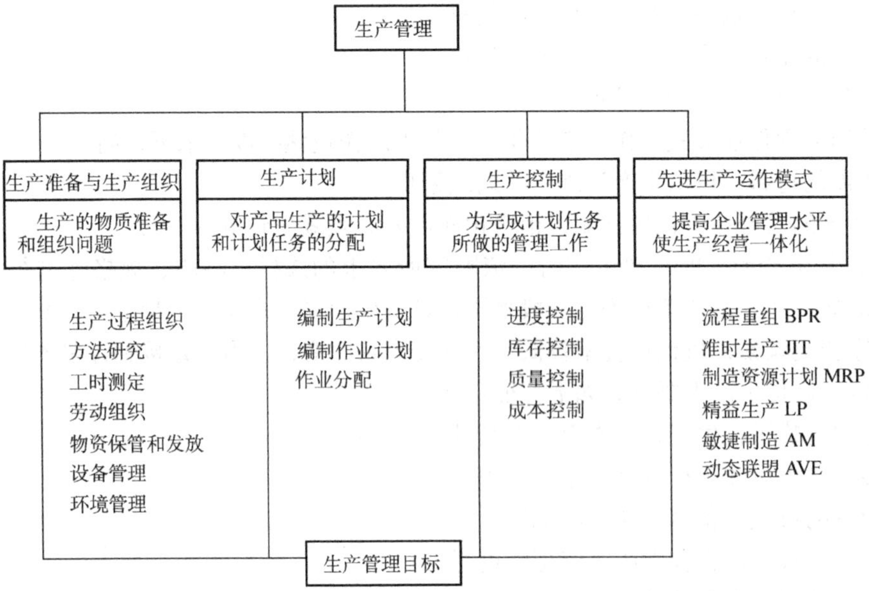

图6-1　生产管理的内容

1）生产准备与生产组织是指生产的物质准备工作、技术准备工作和组织工作。

2）生产计划是生产运作管理的精华，是指与产品有关的生产计划工作和负荷分配工作。

3）生产控制指围绕着完成计划任务所进行的检查、调整管理工作。

4）先进生产运作模式指为适应企业国际化和市场激烈的竞争形势，尽快提高企业管理水平，使生产经营一体化，这也是现代生产与运作管理的热点。

（二）生产现场管理

现场管理是企业生产运作管理的有机组成部分。生产现场管理是生产运作系统中的一个区域，它直接影响产品质量和企业的经济效益，只有不断地优化生产现场管理，才能实现企业管理的整体优化。本模块主要阐述现场管理、定置管理、“5S”活动、生产现场诊断等内容。

1. 现场与现场管理

（1）现场和现场管理的概念　现场一般指作业场所。生产现场就是从事产品生产、制造或提供生产服务的场所，即劳动者运用劳动手段，作用于劳动对象，完成一定生产作业任务的场所。它既包括生产一线各基本生产车间的作业场所，又包括辅助生产部门的作业场所，如库房、试验室和锅炉房等。在我国，工业企业的规模较小，习惯于把生产现场简称为车间、工厂或生产第一线。

工业企业的生产现场由于受行业特点的影响，既具有共性，又具有各自的特征。所谓共性，是指有些基本原理和方法对所有企业的生产现场都是普遍适用的，如所有生产现场都要求生产诸要素的合理配置，都有一个投入与产出转换的效益问题；在管理上都具有综合性、区域性、动态性和可控性等特点。所谓特性，主要是指由于生产工艺、技术装备、生产规模和生产类型等不同，从而优化现场管理的具体要求和方法也不尽相同。从生产技术特点来看，不同行业的生产现场有明显的差别。钢铁企业主要是炼铁、炼钢、轧钢；纺织企业主要是纺纱、织布、印染。即使是在同一个机械制造企业中，冷加工与热加工的生产现场也有很大差异。从技术装备程度看，有些生产现场拥有较多机械化、自动化设备，技术密集程度较高，如大型化工企业的生产现场，一般都是通过装置和管道设施对原料进行加工；而有的生产现场则以手工业为主，劳动密集程度较高。从生产规模看，大型企业的生产现场，在人员素质、管理水平和环境条件等方面一般要比小型企业具有较多的优势。从生产类型看，订货生产与存货生产、连续生产与间断生产、单一品种生产与多品种生产、流水生产与成批生产，其生产现场的组织管理方式皆不相同。按对象原则设置的生产现场与按工艺原则设置的生产现场，其组织管理方式也有区别。研究现场管理的重点首先放在共性上，主要揭示生产现场运作的一般规律，但在具体实施时，要从企业生产现场的实际情况出发，注意不同生产现场的特性要求，防止“一刀切”。

有现场，就必然有现场管理。现场管理就是运用科学的管理思想、管理方法和管理手段，对现场的各种生产要素，如人（操作者、管理者）、机（设备）、料（原材料）、法（工艺、检测方法）、环（环境）、资（资金）、能（能源）、信（信息）等，进行合理配置和优化组合，通过计划、组织、控制、协调和激励等管理职能，保证现场按预定的目标，实现优质、高效、低耗、均衡、安全、文明的生产。现场管理是企业管理的重要环节，企业管理中的很多问题必然会在现场得到反映，各项专业管理工作也要在现场落实。作为基层环节的现场管理，其首要任务是保证现场的各项生产活动能高效率、有秩序地进行，实现预定的目标任务，现场出现的各种生产技术问题，有关人员在现场就能及时解决，不等、不拖、不“上交”。从这个意义上说，生产现场管理也就是现场的生产管理。

（2）现场管理的特点

1）基础性。企业管理一般可分三个层次，即最高领导层的决策性管理、中间管理层的执行性管理和作业层的现场管理。现场管理属于基层管理，是企业管理的基础。基础扎实，现场管理水平高，可以增强企业对外部环境的承受能力和应变能力；可以使企业的生产经营目标，各项计划、指令和各项专业管理要求顺利地在基层得到贯彻与落实。优化现场管理需要以管理的基础工作为依据，离不开标准、定额、计量、信息、原始记录、规章制度和基础教育，基础工作健全与否，直接影响现场管理的水平；通过加强现场管理，又可进一步健全基础工作。所以，加强现场管理与加强管理基础工作，两者是一致的，不是对立的。

2）系统性。现场管理是从属于企业管理这个大系统中的一个子系统。现场管理作为一个系统，具有系统性、相关性、目的性和环境适应性。这个系统的外部环境就是整个企业，企业生产经营的目标、方针、政策和措施都会直接影响生产现场管理。这个系统输入的是人、机、料、法、环、资、能和信等生产要素；通过生产现场有机的转换过程，向外部环境输出各种合格的产品或优质的服务，同时，反馈转换过程中的各种信息，以促进各方面工作的改善。生产现场管理系统的性质是综合的、开放的、有序的、动态的和可控的。系统性特点要求生产现场必须实行统一指挥，不允许各部门、各环节、各工序违背统一指挥而各行其是。各项专业管理虽自成系统，但在生产现场也必须协调配合，服从现场整体优化的要求。

3）群众性。现场管理的核心是人。人与人、人与物的组合是现场生产要素最基本的组合，不能见物不见人。现场的一切生产活动、各项管理工作都要现场的人去掌握、去操作、去完成。优化现场管理仅靠少数企业管理人员是不够的，必须依靠现场所有人员的积极性和创造性，发动广大员工群众参与管理。生产人员在岗位工作过程中，按照统一标准和规定的要求，实行自主管理，开展员工民主管理活动，培养员工良好的生产习惯和参与管理的能力，不断提高员工的素质。员工素质中突出的问题是责任心问题，有了责任心，工作就主动，不会干的可以学会；如果没有责任心，再好的管理制度和管理方法也无济于事。提高员工素质既不能任其自然，也不能操之过急，要从多方面做细致的工作。

4）开放性。现场管理是一个开放系统，在系统内部与外部环境之间经常需要进行物质和信息的交换与信息反馈，以保证生产有秩序地连续进行。各类信息的收集、传递和分析利用，要做到及时、准确、齐全，尽量让现场人员能看得见，人人心中有数。例如，对于需要大家共同完成的任务产量产值、质量控制、班组核算等，可将计划指标和指标完成情况画成图表，定期公布于众，让现场人员都知道自己应干什么和干得怎么样。与现场生产密切相关的规章制度，如安全守则、操作规程和岗位责任制等，应公布在现场醒目的地方，便于现场人员共同遵守执行。现场区域的划分、物品的摆放位置和危险处所等应设有明显标志。各生产环节之间、各道工序之间的联络，可根据现场工作的实际需要，建立必要的信息传导装置（例如，生产线上某个工位出现故障，流水线就会自动停下来，前方的信号灯就会显示出第几号工位出了毛病）。

5）动态性。现场各种生产要素的组合，是在投入与产出转换的运动过程中实现的。优化现场管理是由低级到高级不断发展、不断提高的动态过程。在一定条件下，现场生产要素的优化组合具有相对的稳定性。生产技术条件稳定，有利于生产现场提高质量和经济效益。但是由于市场环境的变化、企业产品结构的调整，以及新产品、新工艺、新技术的采用，原有的生产要素组合和生产技术条件就不能适应了，必须进行相应的变革，现场管理应根据变化的情况，对生产要素进行必要的调整和合理配置，提高生产现场对环境变化的适应能力，从而增强企业的竞争能力。所以，稳定是相对的、有条件的，变化则是绝对的，“求稳怕变”或“只变不定”都不符合现场动态管理的要求。

上述特点有助于进一步理解现场管理的含义，也为优化现场管理提供了理论依据。

2. 加强现场管理的必要性

生产现场是企业生产力的载体，是员工直接从事生产活动、创造价值与使用价值的场所。企业向社会和市场提供的商品要通过生产现场制造出来；员工的精神面貌、道德、作风要在生产现场培养和体现出来；投入生产的各种要素要在生产现场优化组合后才能转换为生产力；所有这些都要通过现场有效的管理才能实现。现场管理水平的高低，直接关系到产品质量好坏、消耗与效益的高低，以及企业在市场竞争中的适应能力与竞争能力。由此可见，优化现场管理是企业整体优化的重要组成部分，是现代化大生产不可缺少的重要环节。

在市场经济条件下，企业的生产经营必须以市场需求为导向，抓市场是完全必要和应该的，问题是不能把抓市场同抓生产现场割裂开来，这两者是相互关联、相互制约，密不可分的。企业要在激烈的市场竞争中求生存、求发展，就必须向市场提供质量好、品种多、价格便宜、能按期交货的产品，而这些产品是在生产现场制造出来的，要靠现场管理来保证。因此，现场管理水平的高低决定着企业对市场的应变能力和竞争实力。也就是说，企业要以市场促现场，用现场保市场，通过加强现场管理去适应外部环境的不断变化。

3. 现场管理的任务

现场管理的任务主要是合理地组织现场的各种生产要素，使之有效地结合起来形成一个有机的生产系统，并经常处于良好的运行状态。具体的目标任务是：

1）以市场需求为导向，生产适销对路的产品，全面完成生产计划规定的任务，包括产品品种、质量、产量、产值、资金、成本、利润和安全等经济技术指标。

2）消除生产现场的浪费现象，科学地组织生产，采用新工艺、新技术，开展技术革新和合理化建议活动，实现生产的高效率和高效益。

3）优化劳动组织，搞好班组建设和民主管理，不断提高现场人员的思想水平与技术业务素质。

4）加强定额管理，降低物料和能源消耗，减少生产储备和资金占用，不断降低生产成本。

5）优化专业管理，完善工艺、质量、设备、计划、调度、财务和安全等专业管理保证体系，并使它们在生产现场协调配合，发挥综合管理效应，有效地控制生产现场的投入与产出。

6）组织均衡生产，实行标准化管理。

7）加强管理基础工作，做到人流、物流运转有序，信息流及时准确，出现异常现象能及时发现和解决，使生产现场始终处于正常、有序、可控的状态。

8）治理现场环境，改变生产现场“脏、乱、差”的状况，确保安全生产、文明生产。

4. 现场管理的内容

现场管理的任务决定了现场管理的内容是多方面的，既包括现场生产的组织管理工作，又包括各项专业管理和管理基础工作。现场管理的内容可以从不同的角度去概括和分析。例如，从管理职能分析，现场管理的层次与范围虽不同于企业管理，但仍具有计划、组织、控制、激励和教育等职能，这些管理职能在生产现场都有所体现。另外，还可以从构成现场的点（工序管理）、线（流水管理）、面（环境管理）角度，概括和分析现场管理的内容。下面是从优化现场的人、机、料、法、环等主要生产要素，从优化质量、设备等主要专业管理系统这一角度来概括和分析现场管理的内容，具体内容包括：①作业管理；②物流管理；③文明生产与定量管理；④生产现场质量管理；⑤生产现场设备管理；⑥生产现场成本控制；⑦生产现场计划与控制；⑧优化劳动组织与班组建设；⑨岗位责任制；⑩生产现场管理诊断。

在不同行业的不同企业中，现场管理的内容及其重点不尽相同。上述10项内容是从当前大多数企业的实际情况出发提出来的，具有一定的普遍意义。随着生产技术的发展和管理水平的提高，现场管理的内容将更加丰富、充实，并不断出现新的内容。

（三）定置管理

1. 定置管理的概念

（1）定置管理的含义　定置管理是我国工业企业在 20 世纪 80 年代从日本学习引进的一种先进管理方法。作为生产现场管理的一个重要组成部分，定置管理的主要任务是研究作为生产过程主要要素的人、物、场所三者的相互关系。它通过运用调整生产现场的物品放置位置，处理好人与物、人与场所、物与场所的关系；通过整理，把与生产现场无关的物品消除掉；通过整顿，把生产场所需要的物品放在规定的位置。这种定置要科学、合理，以实现生产现场的秩序化、文明化。

（2）定置管理的基本理论

1）人与物的三种结合状态。在工厂生产活动中，构成生产工序的要素有材料、半成品、机械设备、工装及模具、操作人员、工艺方法和生产环境等，归纳起来就是人、物、场所和信息等因素，其中最基本的是人与物的因素，只有人与物的合理结合，才能使生产有效地进行。

人与物的结合可归纳为以下三种基本状态：

①A 状态。即人与物处于能够立即结合并发挥效能的状态。例如，工作使用的各种工具，由于摆放地点合理而且固定，当操作者需要时能立即拿到或者能做到得心应手。

②B 状态。即人与物处于寻找状态或尚不能很好发挥效能的状态。例如，一个操作者加工一个零件，需使用某种工具，但由于现场杂乱而忘记了这种工具放在何处，结果因寻找工具而浪费了时间；或者由于半成品堆放不合理，散放在地上；加工时每次都需弯腰，一个个地拣起来，既影响了工时，又提高了劳动强度。

③C 状态。人与物失去联系的状态。例如，生产现场中存在的已经报废的设备、工具、模具，生产中产生的垃圾、废品、切屑，以及同生产现场无关的人员生活用品等，这些物品放在生产现场，必将占用作业面积，而且影响操作者的工作效率及安全。

因此，定置管理就是要通过相应的设计、改进和控制，消除 C 状态，对 B 状态进行分析和改进，使之都成为 A 状态并长期保持下去。

2）人与物的结合成本。在生产活动中，为实现人与物的结合，需要消耗劳动时间，支付劳动时间的工时费用，这种工时费用被称为人与物的结合成本。结合成本，亦即物的使用费用。

人与物的结合成本，和人与物的结合状态有直接关系。当人与物的结合处于 A 状态时，结合成本可以忽略不计。当人与物的结合处于 B 状态时，比如作业者因使用的工具未实现定置管理，工作时花费很多时间去寻找需要的工具，用于找工具的工时费用越多，结合成本就越高。结合成本高，也就是增加了物的使用费用。

人与物的结合成本，同物的原成本和物的现成本的关系为

$$\text{物的现成本} = \text{物的原成本} + \text{结合成本}$$

例：某作业者操作时需使用一套夹具，夹具的原成本为 500 元，当夹具处于 A 状态时，结合成本很少，可以不考虑。这时，夹具的现成本为它的原成本，即 500 元。

如果夹具处于 B 状态，假定寻找该夹具费了 5h，单位工时费用为 10 元，则夹具的现成本为

$$\text{夹具的现成本} = \text{夹具的原成本} + \text{结合成本} = 500\text{元} + 5 \times 10\text{元} = 550\text{元}$$

如果夹具处于C状态，即夹具已与生产活动无关，这时，夹具就可作入库或报废处理了。

从上面分析可知，力求使人与物的结合保持A状态，是降低结合成本，使物的现成本不致增加的最佳途径。

3）物与场所的关系。在生产活动中，人与物的结合状态是决定生产有效程度的因素，但人与物的结合都是在一定场所进行的。因此，实现人与物的最佳结合，必须首先处理好物与场所的关系，实现物与场所的合理结合。物与场所的有效结合是实现人与物合理结合的基础。研究物与场所的有效结合，就是对生产现场、人、物进行作业分析和动作研究，使对象物品按生产需要、工艺要求科学地固定在某场所的特定位置上，达到物与场所的有效结合，缩短人取物的时间，消除人的重复动作，以促进人与物的最佳结合。

实现物与场所的合理结合，首先要使场所本身处于良好的状态。场所本身的布置可以有以下三种状态：

①A状态：良好状态。即良好的工作环境，场所中的作业面积、通风设置、恒温设备、光照、噪声和粉尘等状态，必须符合人的生理、工作生产和安全的要求。

②B状态：需要改善的状态。即需要不断改善的工作环境，这种状态的场所布局不尽合理，或只满足人的生理要求，或只满足生产要求，或两者都不能满足。

③C状态：需彻底改造的状态。即需消除或彻底改造的工作环境。这种场所对人的生理要求及工作生产、安全要求都不能满足。

定置管理的任务，就是把物与场所的B、C状态改变为A状态。

2. 定置管理的形式

根据物流运动的规律性，科学地确定物品在场所内的位置，即定置。定置有两种基本形式。

（1）固定位置　即场所固定、物品存放位置固定、物品的信息媒介物固定。这种“三固定”的方法，适用于在物流系统中周期性地回归原地，在下一生产活动中重复使用的物品。主要包括用作加工手段的物品，如工、检、量具，工艺装备，工位器具，运输机械和机床附件等物品。这些物品可以多次参加生产过程，周期性地往返运动。对这类物品适用“三固定”的方法，固定存放位置，使用后要回复到原来的固定地点。例如，模具平时存贮在指定的场所和地点，需用时取来安装在机床上，使用完毕后，从机床上拆卸下来，经过检测、验收后，仍搬回到原处存贮，以备下次再使用。

（2）自由位置　即相对地固定一个存放物品的区域，至于在此区域内的具体放置位置，则根据当时的生产情况及一定的规则来决定。这种方式同上一种相比，在规定区域内有一定的自由，故称自由位置。这种方法适用于物流系统中不回归、不重复使用的物品。例如，原材料、毛坯、零部件、产成品。这些物品的特点是按照工艺流程不停地从上一工序向下一工序流动，一直到最后出厂。对这类物品应采用规定一个较大范围区域的办法来定置。由于这类物品的种类、规格很多，每种的数量有时多，有时少，很难就每种物品规定具体位置。如在制品停放区、零部件检验区等。在这个区域内存放各个品种的零部件时，则应根据充分利用空间、便于收发、便于点数等规则来确定具体的存放地点。

3. 推行定置管理

推行定置管理，一般开展如下程序：

1）对现场进行调整，明确问题点。成立调查小组，以推行定置管理的主管人员为主（一般为车间主任），组织有经验的管理者和现场有关人员参加，对生产现场进行调查。调查内容一般包括：生产现场中人-机联系情况、物流情况、员工操作情况、生产作业面积和空间利用情况、原材料、在制品管理情况、半成品库和中间库的管理情况、工位器具的配备和使用情况、生产现场物品摆放情况、生产现场物品搬运情况、质量保证和安全生产情况、设备运转和利用情况、生产中的消耗情况等。

调查应有侧重点，在调查的基础上，找出现场存在的主要问题，明确定置管理的方向。

2）分析问题，提出现场改善的方案。主要分析以下几个方面：人物结合情况、现场物流状况及搬运状况、现场信息流状况、工艺路线和工艺方法状况、现场利用状况等。

3）定置管理的设计。定置管理的设计内容为：

①各种场地（厂区、车间和仓库等）及各种物品（机台、货架、箱柜和工位器具等）的定置设计。其表现形式就是各类定置图。定置设计，实质是工厂布置的细化、具体化，它必须符合工厂布置的基本要求。

②信息媒介物的标准设计。如各种区域、通道和流动器具的位置信息符号的设计；各种料架、工具箱、生活柜和工位器具等物品的结构和编号的标准设计；位置台账、物品确认卡片的标准设计；结合各种物品的专业管理方法，制定出各种物品进出、收发的定置管理办法的设计等。

4）定置管理方案的实施。定置管理的实施，即按照设计要求，对生产现场的材料、机械、操作、方法进行科学整理和整顿，将所有的物品定位。要做到：有物必有区，有区必有牌，按区存放，按图定置，图物相符。定置管理的实施，主要依靠本车间操作人员自己来完成。为此，定置管理的设计必须吸收操作者参加；并要对操作人员进行定置管理的培训。

4. 一个车间的定置要求

（1）车间场地的定置要求

1）要有按标准设计的车间定置图。

2）生产场地、通道、工具箱、交检区、物品存放区，都要有标准的信息显示，如标牌、不同色彩的标志线等。

3）对易燃、易爆物品，消防设施，有污染的物品，要符合工厂有关特别定置规定。

4）要有车间、工段、班组卫生责任区的定置，并设置责任区信息牌。

5）临时停滞物品区域的定置规定，包括积压的半成品停滞、待安装设备、建筑维修材料等的规定。

6）垃圾、废品回收点的定置，包括回收箱的分类标志：料头箱（红色）、铝屑箱（黄色）、铁屑箱（黄色）、铜屑箱（黄色）、垃圾箱（白色）、大杂物箱（蓝色），以上各类箱子有明显的相应标牌信息显示。

7）按定置图的要求，清除与区域无关的物品。

（2）车间各工序、工位、机台的定置要求

1）必须有各工序、工位、机台的定置规定。

2）要有图样架、工艺文件等资料的定置规定。

3）有工、卡、量具，仪表，小型工具，工作器具在工序、工位、机台停放的定置要求。

4）有材料、半成品及工位器具等在工序、工位摆放的数量、方式的定置要求。

5）附件箱、零件货架的编号必须同零件账、卡、目录相一致，账、卡等信息要有流水号目录。

（3）工具箱的定置要求

1）必须按标准设计定置图。

2）工具摆放要严格遵守定置图，不准随便堆放。

3）定置图及工具卡片，一律贴在工具箱内门壁上。

4）工具箱的摆放地点要标准化。

5）同工种、工序的工具摆放要标准化。

（4）库房的定置要求

1）要设计库房定置总图，按指定的地点定置。

2）易燃、易爆、易污染、有储存期要求的物品，要按工厂安全定置要求，实行特别定置。

3）有储存期物品的定置，要求超期物品有单独区域放置；接近超期 1 ~ 3 个月的物品要设置期限标志；在库存报表上对超期物品也要用特定符号表示。

4）账本前面应有序号及物品目录。

5）特别定置区域，要用标准的信号符号显示。

6）物品存放的区域、架号、库号，必须同账本的物品目录相一致。

（5）检查现场的定置要求

1）要有检查现场定置图。

2）要划分不同区域并用不同颜色标志。区域可划分为：①半成品的待检区及合格区；②成品的待检区及合格区；③废品区；④返修区；⑤待处理区。标志为：待检区（蓝色）、合格区（绿色）、返修区（红色）、待处理区（黄色）、废品区（白色），即“绿色通、红色停、黄色红道行、蓝色没检查、白色不能用”。

3）小件物品可装在不同颜色的大容器内，以示区别。

（四）“5S”活动

1. “5S”活动的含义

“5S”活动是指对生产现场各生产要素，主要是物的要素所处状态不断地进行整理、整顿、清洁、清扫和提高素养的活动。由于整理、整顿、清洁、清扫和素养这五个词的罗马拼音的第一个字母都是“S”，简称为“5S”。“5S”活动在日本企业中广泛实行，它相当于我国企业里开展的文明生产活动。

“5S”活动在西方和日本企业中的推行经历了逐步发展、总结、提高的过程。开始的提法是开展“3S”活动，以后内容逐步充实，改为“4S”，最后增加为“5S”，不仅内容丰富了，而且按照文明生产各项活动的内在联系和逐步由浅入深的要求，把各项活动系统化和程序化了。“5S”活动总结出了在各项活动中，提高队伍素养这项活动是全部活动的核心和精髓。“5S”活动重视人的因素，没有员工队伍素养的相应提高，“5S”活动是难以开展和坚持下去的。从一定意义上说，日本企业实行的“5S”活动，也是文明生产活动的发展和提高。因此，近年来我国许多企业，为了提高文明生产活动的水平，学习和推行了“5S”活动。

2. “5S”活动的内容和具体要求

(1) 整理（Seiri）——把要与不要的人、事、物分开，再将不需的人、事、物加以处理

这是开始改善生产现场的第一步。其要点是首先对生产现场摆放和停滞的各种物品进行分类，区分什么是现场需要的，什么是现场不需要的；其次，对于现场不需要的物品，诸如用剩的材料、多余的半成品、切下的料头、切屑、垃圾、废品、多余的工料、多余的工具、报废的设备、员工个人生活用品（下班后穿戴的衣帽鞋袜，化妆用品）等，要坚决清理出现场。这样做的目的是：

1）改善和增大作业面积。

2）现场无杂物，行道通畅，提高工作效率。

3）减少磕碰的机会，保障安全，提高质量。

4）消除管理上的混放、混料等差错事故。

5）有利于减少库存量，节约资金。

6）改变作风，提高工作情绪。

这项工作的重点在于坚决把现场不需要的东西清理掉。对于车间里各个工位或设备的前后、通道左右、厂房上下和工具箱内外等，包括车间的各个死角，都要彻底搜寻和清理，达到现场无不用之物。坚决做好这一步，是树立好作风的开始。日本有的企业提出口号：效率和安全始于整理！有的企业，为了保证做到这一条，而又照顾到员工摆放个人生活用品的实际需要，因地制宜，采取了相应措施。如在车间外专门为员工设置休息室和存放衣帽的专用橱柜；有的利用两个车间之间的空间，专门设置员工存放个人用品的地方等。

(2) 整顿（Seiton）——把需要的人、事、物加以定量、定位

通过上一步整理后，对生产现场需要留下的物品进行科学合理的布置和摆放，以便在最快速的情况下取得所要之物，在有效的规章制度和流程下完成事务。

整顿活动的要点是：

1）物品摆放要有固定的地点和区域，以便于寻找和消除因混放而造成的差错。

2）物品摆放要科学合理。例如，根据物品使用的频率，经常使用的物品放得近些（如放在作业区内），偶尔使用或不常用的物品则应放得远些（如集中放在车间某处）。

3）物品摆放目视化。使定量装载的物品做到过目知数，且不同物品摆放区域采用不同的色彩和标记。

生产现场物品的合理摆放有利于提高工作效率，提高产品质量，保障生产安全。

(3) 清扫（Seiso）——把工作场所打扫干净，设备异常时马上修理，使之恢复正常

现场在生产过程中会产生灰尘、油污、铁屑和垃圾等，从而使现场变脏。脏的现场会使设备精度降低，故障多发，影响产品的质量，使安全事故防不胜防；脏的现场更会影响人们的工作情绪。因此，必须通过清扫活动来清除脏物，创建一个明快、舒畅的工作环境，以保证安全、优质和高效率地工作。清扫活动的要点是：

1）自己使用的物品，如设备、工具等，要自己清扫，不依赖他人，不增加专门的清扫工。

2）对设备的清扫，着眼于对设备的维修保养。清扫设备同设备的日常检查结合起来。清扫设备要同时做好设备的润滑工作，清扫也是保养。

3）清扫也是为了改善，所以当清扫地面发现有飞屑和油水泄漏时，应查明原因并采取措施加以改进。

（4）清洁（Seikeetsu）——整理、整顿、清扫之后要认真维护，保持完美和最佳状态

清洁是对前三项活动的坚持与深入，从而消除发生安全事故的根源，创造一个良好的工作环境，使员工能愉快地工作。清洁活动的要点是：

1）车间环境不仅要整齐，而且要做到清洁卫生，保证员工身体健康，增强员工劳动热情。

2）不仅物品要清洁，而且整个工作环境要清洁，进一步消除混浊的空气、粉尘、噪声和污染源。

3）不仅物品、环境要清洁，而且员工本身也要做到清洁，如工作服要清洁，仪表要整洁，及时理发、刮须、修指甲和洗澡等。

4）员工不仅要做到形体上的清洁，而且要做到精神上的“清洁”，待人要讲礼貌，要尊重他人。

（5）素养（Shitsuke）——养成良好的工作习惯，遵守纪律

素养即教养。努力提高人员的素质，养成严格遵守规章制度的习惯和作风，这是“5S”活动的核心。没有人员素质的提高，各项活动也不能顺利开展，开展了也坚持不了。所以，抓“5S”活动，要始终着眼于提高人的素质。“5S”活动始于素质，也终于素质。在开展“5S”活动中，要贯彻自我管理的原则。

3. “5S”活动的组织管理

实践表明，“5S”活动开展起来比较容易，在短时间内取得明显的效果，但要坚持下去，持之以恒，不断优化则不太容易。不少企业发生过“一紧、二松、三垮、四重”现象。开展“5S”活动，必须领导重视，并加强组织和管理。具体包括以下几点：

1）将“5S”活动纳入岗位责任制，要使每一部门，每一人员都有明确的岗位责任和工作标准。

2）严格执行检查、评比和考核制度。认真、严格地搞好检查、评比和考核，是使“5S”活动坚持下去并得到不断改进的重要保证。

检查和考评的方式方法可以多种多样，可根据各单位的实际情况和条件来确定，不求一个模式。

日常性的检查评比，通常是在车间内部进行，由员工、管理员参加，而且同开展竞争结合起来，同岗位责任制检查结合起来。

（五）生产现场诊断

优化生产现场管理，首先要发现问题，提出改进的目标，然后对症下药，提出相应的改进措施，为此，需要进行生产现场管理的诊断。

1. 生产现场管理的现状和问题的调查研究

深入进行调查研究，掌握生产现场管理的现状和问题，是确定现场管理优化方向和措施的前提。生产现场管理诊断的调查方法主要有现场观察、同企业领导人员面谈、员工意见调查、运用 IE 技法、进行作业研究等。

（1）现场观察　现场观察就是到生产现场进行实地观察、询问，以调查了解生产现场管理的现状和存在的问题，主要包括以下方面：

1）安全文明生产。安全文明生产包括企业环境卫生、厂容、车间和工作地的整洁，各种物品的定置情况，安全设施和安全规章的执行情况，有无“跑、冒、滴、漏”情况等。

2）目视管理。生产现场目视管理主要指岗位责任制的公布，工作任务和完成情况的公布，作业规程和标准的公布，定置图的公布，各种物品的彩色标志，安全生产的标志，人员着装的情况等。

3）劳动条件。生产现场劳动条件主要指照明、粉尘、温度和湿度、噪声、通风和劳动强度等。

4）工艺和质量。生产工艺的机械化和自动化水平，产品或零部件的工艺技术精度和难度，产品或零部件的成品率和返修率，有无工艺文件、检验标准及其执行的严格程度和变动程度，操作人员的技术水平和熟练程度，工序质量控制点的管理状况等。

5）物流管理。生产现场物流管理主要指采用何种生产空间组织形式，设备布置的合理性，物流路线和运输路线是否合理等。

6）作业计划和调度。作业计划和调度主要指有无分车间的月、旬、周短期进度计划，作业计划下达的及时性，生产均衡率、配套率，有哪些期量标准及执行的严格程度，计划变动的频繁程度，调度制度及调度的权威性等。

7）设备管理。生产现场设备管理主要指设备的新旧程度、精度及对产品质量和任务的保证程度，通过现场设备的使用、停放、维修、润滑和擦洗等判断设备的使用、保养和抢修的状况与质量等。

8）工艺装备。生产现场工艺装备主要指工具、量具、模具、夹具的装备数量和复杂程度能否保证产品质量的需要，工位器具的装备和使用情况，工具箱的管理，模具库的管理，搬运活性系数的大小等。

9）劳动组织。生产现场的劳动组织主要指作业班组的规模（平均人数），作业组的形式，维修、电工和搬运等辅助作业组的组织方法，开工班次，轮班组织形式，各班人员配备的均衡程度及服务工作等。

10）定额管理。生产现场的定额管理主要指有无明确的岗位定员、工时定额、材料消耗定额和资金占用定额等，定额水平的高低，定额的实际使用情况及超额的平均水平等。

11）员工工作热情。员工工作热情指操作者的性别、年龄与生产技术要求是否一致，员工的精神状态、劳动热情、效率和工作紧张程度，生产现场劳动纪律的遵守状况，利用瞬时观察法概略估算现场人员的工时利用水平。

12）设备开工率。利用瞬时观察法概略估算设备的大体开工率。

13）搬运。观察了解生产中搬运工具的方法、道路、批量和人员等的合理程度。

14）在制品管理。在制品管理主要指车间在制品的质量、数量及检验方法，合格品、次品的堆放与隔离，在制品的堆放位置、方法、数量和转移手续。

15）仓库管理。生产现场的仓库管理主要指原材料、半成品和产成品在库房的存放数量、方法、位置和分处隔离状况，物品出入库手续和存放条件是否合适，物料和台账及卡是否齐全等。

16）生活设施。了解车间的休息室、衣帽柜设施状况，企业食堂、澡堂和交通车等条件及其对员工生产、生活的影响程度。

对现场管理进行调查时，应把定性分析和定量分析结合起来。通过上述各个方面的调查，可以对各个方面的工作做出定性的判断。在此基础上采用简便实用的定量计算方法，将各个分项调查的判断综合起来，做出对生产现场管理的综合评价。有了综合评价，就可以对各车间、各单位进行横向比较。

（2）同企业领导人员面谈　个别谈话是一种重要的调查研究方法。它侧重于定性调查，有利于揭示事物现象的深层次原因及各现象之间的内在联系。这种方法就是调查人员邀请企业厂部、车间及同生产现场管理关系密切的各方面管理人员，围绕生产现场管理存在的问题和解决这些问题的措施，谈谈个人的看法。谈话一般都是个别进行。访谈前应拟定提纲，并通知谈话者，使之有所准备。提纲一般包括两个方面的内容：一是共同性的问题，它对各级管理人员都适用；二是同谈话人身份有关的专业性问题。

（3）员工意见调查　员工意见调查是运用科学的方法，在较短的时间内，了解员工对企业管理的意见、问题、愿望和要求。在现场管理调查中，采用员工意见调查，并与上述同管理人员面谈的调查方法结合起来，有利于更好地分析现场管理的现状和问题。

员工意见调查属于抽样调查，调查的人数视企业的总人数而定，一般约占全企业总人数的5%～20%，原则上每个车间、班组，以及同生产现场管理关系密切的各个科室的各类不同专业人员都要有1～2人参加，并填写调查表。调查表不记姓名，但要注明填表人所在单位、职务、性别、年龄和文化程度等，以便进行分析。

2. 生产现场管理的评价标准

有些行业（或部门、地区）为了比较客观地评价和确定生产现场的实际管理水平，制定了统一的评价标准。有了这个标准，不仅可以比较客观、准确地评价生产现场管理目前所处的水平，还可以明确与先进管理水平的差距，找到优化现场管理的方向。

（1）普及型　以整齐、清洁、安全和优美的目标水平为主，要求一般企业达到此型标准，作为提高现场管理水平的第一步。

（2）先进型　以现场要素的初步优化组合为主，要求先进企业达到此型标准，作为提高现场管理水平的第二步。

（3）优化型　以现场要素的最优组合、具有现代化水平为主，要求一流企业达到此型标准，作为提高现场管理水平的第三步。

三、思考与练习

1. 试述现场与现场管理的概念。
2. 何谓定置管理？
3. 何谓“5S”活动？其内容和要求是什么？

模块2　班　组　管　理

一、教学目标

最终目标：掌握班组管理的基本知识。

促成目标：

1）了解班组长在企业管理中的作用。

2）当好一个班组长。

二、相关知识

（一）班组长在企业管理中的作用

1. 班组长的地位

（1）班组的地位　班组是企业组织生产经营活动的基本单位，是企业最基层的生产管理组织。企业的所有生产活动都在班组中进行，所以班组工作的好坏直接关系着企业经营的成败；只有班组充满了勃勃生机，企业才会有旺盛的活力，才能在激烈的市场竞争中长久地立于不败之地。

（2）班组长的地位　班组中的领导者就是班组长，班组长是班组生产管理的直接指挥和组织者，也是企业中最基层的负责人。

在实际工作中，经营层的决策做得再好，如果没有班组长的有力支持和密切配合，没有班组长来组织开展工作，那么经营层的政策就很难落实。班组长既是产品生产的组织领导者，也是直接的生产者。

（3）班组管理　班组管理是指为完成班组生产任务而必须做好的各项管理活动，即充分发挥全班组人员的主观能动性和生产积极性，团结协作，合理地组织人力、物力，充分地利用各方面信息，使班组生产均衡有效地进行，最终做到按质、按量、如期、安全地完成上级下达的各项生产计划指标。

2. 班组长的重要作用

班组管理是企业管理的基础。无论什么行业、工种，它的共性就是拥有共同的劳动手段和对象，直接承担着一定的生产任务，其中也包括服务产品，因此班组长有三个重要作用：

1）班组长影响着决策的实施，影响着企业目标的最终实现。

2）班组长既是承上启下的桥梁，又是员工联系领导的纽带。

3）班组长是生产的直接组织和参加者，既应是技术骨干，又应是业务上的多面手。

3. 班组长的职责

班组长是企业中人数相当庞大的一支队伍，班组长综合素质的高低决定着企业的政策能否顺利地实施，因此班组长是否尽职尽责至关重要。班组长的职责主要包括：

1）劳务管理。人事调配、排班、勤务、严格考勤、情绪管理、技术培训以及安全操作、卫生、福利、保健、团队建设等都属于劳务管理。

2）生产管理职责。生产管理职责包括现场作业、工程质量、成本核算、材料管理、机器保养等。

3）辅助上级。班组长应及时向上级反映工作中的实际情况，提出自己的建议，做好上级领导的参谋助手。

4. 班组长的角色认知

为了提高管理水平，班组长应提高自己的角色认知能力。角色认知是组织行为学里中的一个概念，意思是指每个人都像生活在一个大舞台上，都在充当着一定的角色，在这个舞台上是什么角色就唱什么调，绝不能反串。在实际工作中如果出现反串，就属于角色错位。

（1）对自己角色的规范、权利和义务的准确把握　班组长要代表三个立场：对下代表经营者的立场，对上代表生产者的立场，对待直接上司既代表员工的立场，同时又代表上级的辅助人员的立场。

（2）了解领导的期望值 作为下级，必须准确地了解领导的指示，以及领导指示的背景、环境和领导的风格。对于合理化建议，要选择适当的时机呈上自己的建议，让领导比较全面、准确地接受或者采纳建议。现在西方有一种说法：驾驭好你的领导，即要了解领导的风格，才能更好地协调好关系，开展好工作。

（3）了解下级对你的期望值 下级对上级有以下五个方面的期望：

1）办事要公道。我国由于过去长期受传统的小农经济和计划经济的影响，公平常常被错当成平均主义，所以需要班组长在分配工作中做到办事公道，奖罚分明，分配利益时也要做到公道，只有这样才能够服众。

2）关心部下。主要指对员工在工作、生活上的关心和了解。

3）目标明确。目标明确是做领导的一个最重要和最起码的前提。

4）准确发布命令。班组长作为一线的指挥者，发布命令的准确程度应像机场上的管制员给飞行员发布命令一样的准确，否则容易产生歧义，造成工作中的事故。

5）及时指导。上司的及时指导就是对下属的关注和培训。

（二）如何做计划

无论哪一级的管理者，都应做好计划，尤其是班组长在一线操作，更应有详细、周密的计划。做计划的基本程序具体包括以下几点：

（1）调查研究，发现问题 班组长在制订工作计划之前要对自己的工作、内外环境进行详细的调查研究，找出问题所在。这里讲的问题是广义的概念，例如出了差错称为问题；为自己制订更高的奋斗目标称为问题；上级下达了新的指标，也称为问题，在此，问题是个中性词。

1）弄清楚问题的性质。首先要弄清楚问题的性质，看看这一问题是常见问题，还是纯属个案。如果是常见问题，就应作出规律性的解释并用相应的政策来解决。如果纯属个案，就应具体情况具体处理。此外，还要分清楚有些事情属于常见问题的首次出现，因此在规章制度中没有，以后可能还会重复地出现，此时就应对计划、规章制度进行重新修订。

2）查找影响问题的主要原因。这一步骤被称为诊断并确诊的过程。如果条件不具备，计划的标准可以适当定得更切合实际一些，不要操之过急，否则欲速则不达。

3）确立目标。目标应符合明确、具体、协调、可行的要求。班组长一级的计划，一般来说属于战术性的计划，因此需要量化的要尽量量化，不能量化的也要说明结果。

4）拟定计划。有了目标，就要开始拟定计划。在拟定计划的过程中，应尽量地多征求部属的意见。不同的意见能保证我们的头脑清醒，可以使我们在方案的实施过程中有一定的应变能力，即使员工提出的方案不正确，也便于我们及时把握员工的脉搏。当一个班组中的大多数意见高度一致时，常常容易做出比较冒险的决策，因为这时容易轻视困难，做出的决策容易远离实际。我们希望在制订计划的过程中有一些不同的声音，我们把它称为众谋和详虑，众谋是指大家共同策划，详虑是指仔细论证，也就是民主决策。

（2）计划的制订 计划拟定之后，一般会出现下列三种情况：

1）三个草案或者五个草案都不错，这时制订计划比较轻松，能够优中选优，好中选好。

2）草案虽然都不错，但实施的条件不具备，暂时搁置，需创造时机，以待实现。

3）几种草案都不好，但只能实行几个草案之中的一个，从不好的草案中选出一个相对较好的草案。

无论遇到哪种情况，班组长在计划制订时都应遵循“两利相权取其重，两害相权取其轻”的原则。

（三）班组长的管理原则

（1）管理的五项工作

1）计划。做好计划，包括年度计划、月计划、每天的计划，做到有条不紊。

2）组织。即组织生产，在组织生产中应注意如何用好班组的全体成员，如何坚持严格的班组规章制度。

3）协调。协调好员工之间的关系，以提高员工的主观能动性和工作积极性。

4）控制。控制生产的进度、目标。

5）监督。监督生产的全过程，对生产结果进行评估。

（2）管理的五项内容

1）人。对人的管理，也就是对员工的管理。

2）财。对财进行管理，比如成本核算，资金流向。

3）物。对物品的管理，也就是对生产的管理。物品主要是指生产资料。

4）信息。对信息的管理包括生产进度方面的信息，上级给下级下达的指示，下级向上级反馈的意见等。

5）时间。管理好时间就是处理好事情，管理者应对每天的工作按其轻重缓急和主次的不同来划分，进行时间管理。一名好的领导者在时间上是有条不紊的。

（3）班组的管理原则——管理无小事　对于高层管理者而言，其工作原则是“行政长官不过问琐事”，其主要精力应放在管理企业的战略发展方向、重大政策的调整上。对于一名班组长而言，根据其定位，要求关注现场工作中的每一个环节，绝不能有丝毫的疏忽，否则就可能造成某种失误、事故，甚至出现重大的事故。班组长在管理中必须要遵循“管理无小事”的原则。做到班前布置，中间控制，事后检查。班前要对员工们进行工作布置并重视讲明注意事项，中间要对班组生产的进度、质量、方向等几个方面进行及时控制，事后还要进行检查和总结经验。

（四）当好班组长

1. 严格执行规章制度

班组长是生产的直接组织者，也是各项规章制度的执行者。作为班组长，必须严格地执行各项规章制度。

执行规章制度时应遵循以下原则：

1）先严后宽。千万不要让员工认为规章制度只是一种摆设，没有权威性。交朋友时有这么一句话：先小人后君子，在管理中也是这样，规章制度一定要说在前面。

遵守规章制度的，奖励；违反规章制度的，惩罚，经过“循环往复”的奖与惩，最后使其养成遵守规章制度的良好行为，以后不用再监督，员工也会自觉地遵照规章制度来办事。

2）对事不对人。要维护规章制度的权威性，就要一视同仁，使其产生“炉火效应”，即谁摸它都烫手，老总也不例外。

2. 决断

（1）决断的特点　作为一名班组长，每天都会遇到大量需要决断的事情。而且，班组长遇到的很多问题大都是瞬间发生的，需要在很短的时间内就做出应有的回答，常常来不及进行一步一步地论证（有时也没有必要进行论证），决断对于班组长而言往往都是战术性的，有时需要凭借平时的经验积累、直觉以及个人的风格，这就是决断的特点。

（2）组员请示的问题　在一线工作，常会遇到班组成员请示的问题，面对提示，班组长首先判断请示的问题是否属于自己的权限范围。如果不属于自己的权限范围，应及时向上级汇报。如果确实属于自己的权限范围，也不必急于回答，而应先询问下级认为应该怎么办，充分调动了下级的积极性；如果下级确实无法解决，此时根据自己的管理经验，再帮助下级决断也不迟。

3. 用人

作为一名班组长，用好班组成员是组织好生产的一个关键环节。班组长在用人的过程中应本着以下原则：

1）量才使用，扬长避短。现代社会分工越来越精细，任何一个人都难以成为全能冠军。作为管理者，应把员工安排到最合适的岗位上，把员工的长处用到极致。

2）容短。在用人上要用长就要容短。俗话说有长就有短，短处如果不是原则性的问题，就要容短，不要过分地计较。不必试图改造班组成员，而是要了解他，理解他，然后发扬其长处，避开他的短处。

3）容长。有的人能够容短，但是不能容长。如果管理者不能容长，就会压抑人才。作为一名管理者，要克服这一缺点，要敢于使用能力超过自己的人。在科技飞速发展的时代，任何人都很难再成为全能冠军，所以管理者应该敢于使用那些实力超过自己的人，这实际上也正是自己实力的一种表现。

4. 协调

1）加强与员工沟通的“四解两容”。为了加强与员工的沟通，提倡“四解”，即了解、理解、谅解、和解。了解是前提，了解一个人就能理解一个人，理解之后能够谅解，谅解之后才能和解，才能处好关系。作为一个班组长，还应该做到“两容”，即容人、容事，即对各种性格的人都要包容，各种事都要拿得起放得下。沟通工作需要尊重对方，尊重对方的一个重要内容就是学会倾听。

2）表扬和批评。工作中一定要学会表扬和批评。

表扬应遵循以下原则：公开表扬，真诚表扬，恰如其分地表扬，及时表扬，迂回表扬，赏识对方。

批评也要注意批评的艺术，例如双色膏式的批评，既表扬又批评。批评要讲究艺术，既要达到批评的目的，又能保护员工的积极性。

5. 监督、检查与控制

1）监督、检查是班组长做好本职工作的一个非常重要的环节。监督与检查主要遵循一般与关键相结合、平时与抽查相结合的原则。

在管理过程中，对质量的监控点一定要重点监控，例如特殊工艺、关键工序，事故多发区，两个岗位之间的交接处，都是班组长应该特别注意的地方。

2）控制和驾驭局面。对整个班组的局面，管理者要学会控制和驾驭。

6. 冲突的管理

冲突是由于双方的观点需要、利益要求不相容而引起的矛盾。对待班组内的冲突，班组长既不能视而不见，也不能贸然行事，而应通过妥善的办法控制和解决。

（五）班组长影响力的提升

班组长的个人影响力不是一朝一夕就能轻易形成的，而是靠自己和员工们的长期共同奋斗形成的，这是一种长期的感情投资。借用古语“服人者，德服为上，才服为中，力服为下”，我们来分析提升影响力的方法。

1）力服。力服是只靠权力使人服从，是被迫服从。力服的优点是解决问题迅速、简单，特别是对付混乱局面时尤为有效，缺点是下属容易口服而心不服，不能持久。

2）才服。才服是以自己的才能引导下属，让其理智地服从，但难于使能力超过自己的下属成员服从，甚至会遭到有能力下属的藐视。

3）德服。德服是靠自己高尚的人格使下属心服口服，当前尤为强调班组长要以身作则，有奉献和牺牲的精神。

班组长只有把以上三者有机地结合起来，才能有效提升自身的影响力，才能成为一个班组的灵魂与核心。

三、思考与练习

如何当好班组长？

附录　传动轴制造课程标准

课程名称：传动轴制造

适用专业：机械制造与自动化专业

一、前言

1. 课程的性质

本课程是机械制造与自动化专业核心课程之一，目标是让学生掌握传动轴制造的能力。它以机械制图、机械设计基础、产品几何技术规范基础的学习和具备机械加工中级工水平为基础，是进一步学习“主轴制造”“箱体制造”“异形件制造”课程的基础。

2. 设计思路

本课程是依据机械制造与自动化专业工作任务与职业能力分析表中的工艺设计与生产现场工艺管理、生产管理、产品质量控制等任务领域设置的。其总体设计思路是：

1）课程以传动轴制造为载体进行教学。教学过程中，打破以学科逻辑顺序编排教学内容的做法，以传动轴制造工艺为主线，围绕工艺这一主线，按工作过程编排教学内容，让学生在完成传动轴制造项目的过程中学会完成相应工作任务，并构建相关理论知识，拓展职业能力。

2）课程内容突出对学生职业能力的训练，理论知识的选取紧紧围绕工作任务完成的需要来进行，同时又充分考虑了高等职业教育对理论知识学习的需要，并融合了机械加工职业资格证书对知识、技能的要求。

3）本课程通过校企合作，校内实训基地建设等多种途径，采取工学结合等形式，充分开发学习资源，给学生提供丰富的实践机会。

4）本课程利用工艺与创新实训室与金工实训室，开展“教、学、做”一体的教学，满足学生综合职业能力培养的要求。

5）教材由企业专家与学院教师共同设计，共同编写，合作开发体现工学结合特色、基于工作过程的课程教学。

6）教学效果评价采取过程评价与结果评价相结合的方式，通过理论与实践相结合，重点评价学生的职业能力。

3. 开设课程的基本条件

项目来源：由兰溪联强数控机床股份有限公司、杭州前进齿轮箱集团有限公司等企业提供案例（附零件图图样、工艺过程卡、工序卡、零件加工视频）。

项目设计：由兰溪联强数控机床股份有限公司、杭州前进齿轮箱集团有限公司等企业专家与浙江机电职业技术学院教师共同设计，并共同编写。

项目实施：采用校企结合，工学结合，教室与展示室、实训室结合。

1）由兰溪联强数控机床股份有限公司、杭州前进齿轮箱集团有限公司等企业提供现场参观、顶岗实习、毕业综合实践岗位。

2）知识教授在教室与工艺装备展示室、组合夹具与虚拟设计实训室、工艺及创新实训室进行。

3）技能训练在金工实训室进行。

案例：阅读传动轴零件图——编写工艺过程卡、工序卡——下料——加工传动轴——检测传动轴。

该门课程的总学时为120～138学时。

二、课程目标

通过完成从零件图样到零件的整个工艺过程，要求学生能够掌握国家、行业相关标准，会识读传动轴零件图，理解传动轴的结构、功用、材料、毛坯、技术要求；掌握机械加工基本概念、基准、定位、夹紧等工艺基础知识；掌握车削加工方法、会正确选用车床；能够使用车刀、通用车夹具，了解常用的热处理；了解新工艺、新装备、新方法；会编制传动轴加工工艺规程并切削加工传动轴；会检验传动轴的质量；理解生产运作管理等相关知识，能初步具备工艺实施的基本职业能力，培养学生具备诚实、守信、善于沟通和合作的品质。

职业能力目标：

1）识读传动轴零件图。

2）能进行传动轴零件结构工艺性分析。

3）掌握车削设备加工性能。

4）掌握传动轴毛坯规格的选用与工艺性。

5）能拟定优化的传动轴零件加工工艺路线。

6）能编制传动轴机械加工工艺过程卡。

7）能编制传动轴机械加工工序卡。

8）能编制传动轴工时定额、材料定额。

9）能合理选用传动轴机械加工用的刀具、量具、夹具。

10）掌握传动轴零件的检测方法及其选择。

三、课程内容和要求

序号	工作任务	知识要求	技能要求	课时	场地	师资	实施说明
1	零件的图样分析与毛坯选择	1. 掌握识读传动轴零件图 2. 熟悉零件结构工艺性	1. 能对传动轴零件图样进行尺寸、尺寸公差、几何公差、表面质量等进行分析 2. 能对传动轴的结构、功用、材料、工艺性等进行分析 3. 能进行毛坯的选择	4学时	多媒体教室	“双师型”教师	多媒体教学

（续）

序号	工作任务	知识要求	技能要求	课时	场地	师资	实施说明
2	零件加工设备的选择	1. 掌握车削工艺 2. 掌握车削用量三要素及切削速度计算公式 3. 掌握卧式车床的组成及其主要功用 4. 掌握常用车床的结构、性能参数和工作原理 5. 掌握车床维护的要求和方法 6. 掌握传动轴零件加工时车床的选择原则	1. 会确定车削用量三要素 2. 会调整卧式车床	16学时	多媒体教室	“双师型”教师	理实一体：多媒体教学、现场教学
3	零件主要工装的选择	1. 熟悉常用车刀的种类、材料 2. 掌握常用车刀的刃磨与安装 3. 掌握通用车夹具的工作原理 4. 熟悉专用车夹具的工作原理	1. 车刀的用途 2. 车刀的角度及评定 3. 车刀的材料 4. 车刀安装的要求 5. 车刀安装的步骤和方法 6. 车刀安装的安全注意事项 7. 会使用单动卡盘装夹工件 8. 会使用自定心卡盘装夹工件 9. 会使用两顶尖装夹工件	16学时	工艺装备展示室	“双师型”教师	理实一体：多媒体教学、现场教学、示范操作
4	零件的工艺编制	1. 掌握机械加工基本概念 2. 掌握基准、定位、夹紧的概念 3. 掌握工艺规程的内容及作用 4. 掌握工艺规程制订的原则与方法	1. 会对传动轴进行基准分析 2. 会对传动轴进行定位、夹紧 3. 会编制传动轴加工工艺规程	18学时	多媒体教室	“双师型”教师	理实一体：分组讨论；采用企业实际案例，下企业调研

（续）

序号	工作任务	知识要求	技能要求	课时	场地	师资	实施说明
5	零件的质量检测与过程控制	1. 掌握传动轴零件的质量检测方法 2. 掌握传动轴常用检测工具的操作方法 3. 知道传动轴零件的加工方法、零件质量的影响因素、常见质量问题，以及质量分析方法	1. 会使用传动轴常用检测工具对传动轴零件进行检测 2. 能对加工过程中出现的质量问题进行分析 3. 会使用常用量具测量车削所能达到的尺寸精度和表面粗糙度	10学时	1. 多媒体教室 2. 工艺与创新实训室 3. 机械零部件测绘实训室	1. “双师型”教师 2. 技工	理实一体：多媒体教学，示范操作法
6	认识生产管理	熟悉产品制造的整个流程	会撰写产品制造流程报告	6学时	1. 多媒体教室 2. 企业	1. “双师型”教师 2. 企业指导教师	多媒体教学
7	切削加工传动轴		1. 正确调整卧式车床和使用工、夹、量具 2. 独立安装车刀，在卧式车床上独立完成传动轴的车削加工 3. 会车外圆、车端面、车内孔、钻孔、滚花、车螺纹、切断、车成形面以及车圆锥面 4. 对自己加工的零件进行检测，分析加工方法对零件质量的影响因素	50学时	1. 金工实训室 2. 企业	1. “双师型”教师 2. 企业指导教师	实际加工
机动				0～8学时	备注：		
合计				120～128学时			

四、实施建议

1. 教材编写

1）本课程应依据课程标准编写教材。

2）教材要充分体现项目课程的设计思想，以传动轴制造项目为载体实施教学，通过录像、企业生产实例、课后拓展作业和情景模拟等多种手段，采用递进和流程相结合的方式来组织编写，使学生在各种活动中掌握工艺实施的基本职业能力。

3）教材应体现工学结合模式的教学，以企业生产任务作为课程项目任务，引入与完成项目所必需的理论知识，并在教材编排形式上注重能引导学生自主学习。

4）教材应图文并茂，表达必须精炼、准确、科学。

5）教材内容应体现先进性、通用性和实用性，应将本专业领域的发展趋势及职业活动中的新知识、新技术和新方法及时纳入其中，使教材更贴近本专业的发展和实际需要。

6）教材中的教学过程设计的内容要具体，并具有可操作性。

2. 教学建议

1）应加强对学生实际职业能力的培养，强化案例教学或项目教学，注重以任务引领型案例或项目诱发学生兴趣，使学生在案例分析或项目活动中了解机械加工的工艺过程。

2）应以学生为本，注重“教”与“学”的互动。通过选用典型活动项目，由教师提出要求或示范，组织学生进行活动，让学生在活动中增强产品质量和加工经济性的意识，以培养相关的职业能力。

3）应注重职业情景的创设，以挂图、多媒体、录像、案例分析等方法提高学生解决和处理实际问题的综合职业能力。

4）教师必须重视实践，更新观念，走产学研相结合的道路，探索中国特色职业教育的新模式，为学生提供自主发展的时间和空间，积极引导学生提升职业素养，努力提高学生的创新能力。

3. 教学评价

1）改革传统的学生评价手段和方法，采用阶段评价、过程性评价与目标评价相结合的形式，注重引导学生进行学习方式的改变。

2）关注评价的多元性，结合课堂提问、学生作业、平时测验、实验实训、技能竞赛及考试情况，综合评价学生成绩。

3）强调课程结束后综合评价，应注重学生动手能力和实践中分析问题、解决问题能力的考核。结合案例分析、成果展示等手段，充分发挥学生的主动性和创造力，注重考核学生的综合职业能力及水平。

4. 课程资源的开发与利用

1）利用现代信息技术开发挂图、幻灯片、摄像、录像带、视听光盘等多媒体课件，通过搭建多维、动态、活跃、自主的课程训练平台，使学生的主动性、积极性和创造性得以充分调动。

2）搭建产学合作平台，充分利用本行业的企业资源，开展“工学结合”的教学活动，并在合作中关注学生职业能力的发展和教学内容的调整。

3）积极利用电子书籍、电子期刊、数字图书馆、各大网站等网络资源，使教学内容从单一化向多元化转变，使学生知识和能力的拓展成为可能。

4）利用各种实训室，开展“教、学、做”一体的教学，满足学生综合职业能力培养的要求。

5. 其他说明

本课程教学标准适用于高等职业技术学院机械制造与自动化专业。

参 考 文 献

[1] 丁树模. 机械工程学［M］. 4版. 北京：机械工业出版社，2007.
[2] 肖智清. 机械制造基础［M］. 2版. 北京：机械工业出版社，2011.
[3] 王明耀. 机械制造技术［M］. 2版. 北京：机械工业出版社，2015.
[4] 龚雯，陈则钧. 机械制造技术［M］. 北京：高等教育出版社，2008.
[5] 范思冲. 机械基础［M］. 3版. 北京：机械工业出版社，2012.
[6] 崇凯. 机械制造技术基础课程设计指南［M］. 2版. 北京：化学工业出版社，2015.
[7] 黄云清. 公差配合与测量技术［M］. 3版. 北京：机械工业出版社，2012.
[8] 王先逵. 机械制造工艺学［M］. 3版. 北京：机械工业出版社，2013.
[9] 孙学强. 机械加工技术［M］. 2版. 北京：机械工业出版社，2016.
[10] 薛源顺. 机床夹具设计［M］. 3版. 北京：机械工业出版社，2011.
[11] 陆剑中，周志明. 金属切削原理与刀具［M］. 5版. 北京：机械工业出版社，2011.
[12] 陈锡渠，彭晓南. 金属切削原理与刀具［M］. 北京：北京大学出版社，2006.
[13] 李伟光. 现代制造技术［M］. 北京：机械工业出版社，2001.
[14] 吴拓. 现代企业管理［M］. 2版. 北京：机械工业出版社，2009.